PHYSIOLOGIE GÉNÉRALE

DU

TRAVAIL MUSCULAIRE

ET DE LA

CHALEUR ANIMALE

PAR

G. WEISS

Ingénieur des Ponts et Chaussées
Professeur agrégé à la Faculté de médecine de Paris
Membre de l'Académie de médecine

PARIS

MASSON ET Cⁱᵉ, ÉDITEURS

LIBRAIRES DE L'ACADÉMIE DE MÉDECINE

120, BOULEVARD SAINT-GERMAIN

1909

TRAVAIL MUSCULAIRE

ET

CHALEUR ANIMALE

1413-08. — Coulommiers. Imp. Paul BRODARD. — 10-9.

PHYSIOLOGIE GÉNÉRALE

DU

TRAVAIL MUSCULAIRE

ET DE LA

CHALEUR ANIMALE

PAR

G. WEISS

Ingénieur des Ponts et Chaussées
Professeur agrégé à la Faculté de médecine de Paris
Membre de l'Académie de médecine

PARIS

MASSON ET Cie, ÉDITEURS

LIBRAIRES DE L'ACADÉMIE DE MÉDECINE

120, BOULEVARD SAINT-GERMAIN

1909

INTRODUCTION

Lorsque je commençai à réunir les documents qui m'ont servi à écrire ce petit livre, je me proposais de ne traiter que la question du travail musculaire.

Je m'aperçus bientôt que ce sujet ne pouvait être exposé isolément. Il fallait supposer au lecteur la connaissance de diverses questions connexes, et je n'aurais pas atteint mon but qui était d'en rendre la lecture abordable à tout le monde.

L'étude du travail musculaire est en effet intimement liée à celle de la chaleur animale et par suite à celle de la respiration et de l'alimentation. Il faut de plus posséder certaines notions de physique et de mécanique, d'ailleurs assez simples. Ce sont ces dernières qui sont généralement les plus étrangères aux biologistes, et j'ai cru devoir les rappeler avant d'aborder le sujet qui est mon véritable objectif.

Ce fut la partie la plus pénible de ma tâche.

Non pas que le sujet en lui-même soit hérissé de difficultés, mais j'étais limité par les moyens que je pouvais mettre en œuvre, par les outils dont je pouvais me servir pour exécuter mon travail.

Pour se communiquer leurs pensées, pour fixer les idées et développer la suite des raisonnements, outre la parole, les hommes ont recours à des procédés graphiques comme l'écriture ou le dessin, qui bien employés simplifient admirablement les démonstrations. On sait combien un croquis, même imparfait, est souvent précieux pour décrire un chemin à suivre, faire comprendre la structure d'un objet ou expliquer un dispositif d'appareil.

Cependant, en se limitant à ces méthodes, les raisonnements se compliquent souvent à l'extrême, deviennent presque impossibles à suivre, alors que l'emploi des conventions et des symboles mathématiques les éclaire immédiatement. Malheureusement la connaissance de ces méthodes est peu répandue en France parmi les biologistes de la génération actuelle. Cela tient en grande partie à l'idée erronée que pour les acquérir il faut une tournure d'esprit spéciale. Tout homme qui a le jugement sain et par suite la faculté de suivre un raisonnement est capable de comprendre les méthodes mathématiques, ou tout au moins la partie de ces méthodes qui sont d'une application courante dans la pratique habituelle des sciences biologiques. Si ce résultat n'est pas atteint, c'est que l'enseignement est mauvais.

Celui qui a pris la peine de prendre connaissance des conventions et méthodes mathématiques élémentaires résout avec facilité des problèmes presque inabordables pour celui qui ne les possède pas, il a l'avantage du lettré sur l'illettré.

Une croyance également répandue dans certains milieux est que l'étude des mathématiques fausse le jugement. Comment l'habitude de suivre un raisonnement juste et précis pourrait-elle produire ce résultat? La vérité est que certaines personnes ont une tendance à perdre de vue le fait qu'elles ont exprimé par une formule. Elles ont une fâcheuse tournure d'esprit et, bien entendu, l'étude des mathématiques ne les corrige pas. Comment penser que le fait de mettre un outil excellent entre les mains d'un homme de jugement puisse troubler son cerveau! Il y a des hommes qui raisonnent mal, qui malgré cela peuvent faire un calcul rigoureusement exact; ils ont appris à manier un outil, mais ils continuent à être des esprits faux; avec un bon outil dont ils ont le maniement matériel ils feront un travail absurde. Il ne faut pas condamner l'outil, car le voisin s'en servira à propos.

Quoi qu'il en soit, je n'ai pas eu le choix des moyens. En maintes occasions, j'ai dû développer en une demi-page ou même plus un raisonnement que par un graphique mathématique j'aurais pu condenser en une ou deux lignes et présenter ainsi plus clairement dans son ensemble. Mais, comme je l'ai dit, j'ai tenu avant tout à rendre la lecture de mon livre accessible à tous les biologistes. C'est sur quoi j'ai concentré tous mes efforts, et pour cela je n'ai fait usage que des procédés reposant sur l'emploi des opérations d'arithmétique. Il suffit de lire les raisonnements lentement, en ne sautant aucun passage, pour pouvoir les suivre.

Une lacune peut causer dans la suite de grandes difficultés de compréhension.

Je me suis assuré que mon but était atteint en soumettant les parties qui m'inspiraient quelques doutes à la lecture de personnes étrangères aux mathématiques et faisant les corrections nécessaires.

A plusieurs reprises je me suis demandé s'il y avait avantage à suivre la méthode historique ou à en venir immédiatement à l'état actuel de la science, en ne donnant que les résultats considérés comme définitivement acquis.

J'ai en général, pour diverses raisons, rejeté ce dernier procédé. En premier lieu il est toujours vain d'affirmer que nous sommes arrivés à la vérité définitive, que le fait considéré par nous comme établi ne subira aucune modification dans la suite; il y a donc utilité, très souvent au moins, à suivre le chemin qui nous a mené à l'état actuel.

En second lieu, sans entrer bien entendu dans le détail banal de toutes les erreurs qui ont pu être commises, il peut être très instructif de voir par quelle série de tâtonnements il a fallu passer pour arriver à établir un fait qui aujourd'hui nous paraît l'évidence même. On comprend mieux alors les luttes qu'il a fallu soutenir pour faire triompher la vérité scientifique, et l'on voit à quel point des savants éminents, parfois des hommes de génie, se sont laissé leurrer par de vaines théories. On fait même cette constatation extraordinaire que souvent ce sont les théories les plus absurdes qui ont eu le plus de succès, et que la vérité a eu d'autant plus de peine à s'imposer qu'elle était plus éclatante. La théorie a trop souvent dominé le fait et le mystérieux a toujours séduit les hommes. Aujourd'hui même, sommes-nous bien certains de n'avoir pas, dans notre bagage scientifique, quelque phlogiston ou quelque acidum pingue comme les savants du xviiie siècle?

Le développement historique des grandes découvertes met en évidence la fragilité des théories des plus ingénieuses et la valeur des expériences bien faites dont la moindre a parfois servi de point de départ aux travaux les plus importants. Aussi les plus grands génies se sont-ils parfois contentés d'énoncer le résultat de leurs observations sans l'appuyer d'interprétations hypothétiques. Après voir formulé la loi de l'attraction universelle, Newton ne dit rien de ses causes possibles. Dans le Discours préliminaire du *Traité de Chimie* de Lavoisier, nous lisons, à la page 5, cette phrase qu'il est bon de méditer : « Cette loi rigoureuse, dont je n'ai pas dû m'écarter, de ne rien conclure au delà de ce que les expériences présentent, et de ne jamais suppléer au silence des faits, ne m'a pas permis, etc. »

Certes la recherche demande à être guidée. L'idée qu'un savant se fait d'un phénomène doit résulter de la comparaison des résultats acquis. La théorie, conséquence de cette coordination, est un fil conducteur précieux, elle aide puissamment le chercheur dans la poursuite de la vérité et lui suggère des expériences nouvelles, mais son but doit être de contrôler ses idées, non pas de les confirmer. L'histoire des sciences nous apprend que les théories les plus ingénieuses n'ont la plupart du temps qu'une valeur éphémère, elles peuvent servir tant qu'elles sont appuyées par les faits, rien n'est aussi dangereux que de vouloir faire rentrer des résultats nouveaux dans des cadres tracés d'après une idée préconçue.

Les résultats expérimentaux eux-mêmes n'ont d'ailleurs pas la valeur de vérités absolues, ils dépendent de l'opérateur, des méthodes employées, du degré d'approximation des appareils de mesure et de causes qui nous échappent dans l'état actuel de la science.

Le développement historique d'une grosse découverte a encore une autre importance. Il montre bien comment ont procédé les hommes de génie qui en ont été les bons artisans et quelles difficultés ils ont eues à vaincre.

On peut mieux apprécier alors la valeur des résultats

acquis et entrevoir la route à suivre pour explorer les régions encore inconnues.

J'ai donc cherché à exposer les principaux travaux entrepris sur la chaleur animale et le travail musculaire, dans leur ordre chronologique, suivant le chemin qui nous semble avoir mené à la vérité actuellement admise. J'ai indiqué avec le plus grand soin les sources auxquelles j'ai puisé mes renseignements, sans m'astreindre à une bibliographie complète. Il m'eût été impossible de revoir tout ce qui a été écrit, mais j'ai lu dans les mémoires originaux tout ce que j'ai utilisé, ayant, à diverses reprises, constaté combien il est dangereux de citer un auteur de seconde main. Malgré mes efforts, il y a trois ou quatre mémoires originaux que je n'ai pu me procurer, ils ne contenaient d'ailleurs pas de travaux de premier ordre et leur lecture n'était pas indispensable; j'ai eu soin, dans ce cas, d'indiquer les auteurs où j'avais pris mes références.

J'ai évité les descriptions fastidieuses d'appareils; le lecteur qui en aurait besoin pourrait grâce aux indications bibliographiques se reporter aux mémoires où se trouvent tous les renseignements désirables.

A mon regret, j'ai dû donner parfois des tableaux de chiffres plus ou moins étendus. La suite du discours est ainsi interrompue, ce qui entraîne un certain inconvénient, mais le lecteur peut mieux apprécier la valeur des résultats obtenus et des conclusions qui en sont tirées, sans être obligé de se contenter d'une indication parfois trop vague.

Je ne sais si j'ai atteint mon but, il n'a pas été de faire un traité de chaleur animale, mais de mettre mes lecteurs au courant des principes qui dominent les échanges énergétiques chez les êtres vivants.

Dans ces dernières années il a paru un grand nombre de travaux sur l'alimentation, la production du travail musculaire, les échanges gazeux et la chaleur animale; j'ai constaté que beaucoup de biologistes éprouvaient à leur lecture de grosses difficultés, n'ayant pas sur ces questions solidaires entre elles une vue d'ensemble nécessaire. Ne connaissant pas d'ouvrage élémentaire où cette étude puisse se faire, il m'a semblé qu'il y avait une lacune à combler.

J'ai donc écrit ce qui, dans mon esprit, ne constitue, en quelque sorte, qu'une introduction à l'étude des moteurs animés.

DU TRAVAIL MUSCULAIRE

ET DE LA CHALEUR ANIMALE

L'OXYGÈNE ET LES COMBUSTIONS

Lavoisier fut le fondateur de la chimie moderne, l'auteur de ce que Berthelot a appelé la Révolution chimique. C'est lui qui distingua la matière pondérable, et montra qu'elle ne peut ni se créer ni se détruire, ni augmenter ni diminuer de poids dans les transformations multiples qu'on peut lui faire subir. Nous lui devons l'explication de ce qu'est une combustion et du rôle joué par l'oxygène, soit dans ces combustions, soit dans la respiration, ainsi que l'essentiel de nos connaissances sur la chaleur animale.

Au moment où il entra dans la science, des théories étranges troublaient l'esprit des savants, et des meilleurs; ce ne fut pas l'un des moindres mérites de Lavoisier d'avoir su s'en affranchir et d'avoir apporté les preuves formelles qui les réduisaient à néant.

Cependant les auteurs des Traités de Physiologie faisant autorité vers le milieu du XIXe siècle n'ont pas fait ressortir la grandeur de l'œuvre de Lavoisier. Ainsi dans le *Traité* de Jean Muller [1], je n'ai pu trouver que la men-

1. *Handbuch der Physiologie des Menschen*, Dr Johannes Müller, 2 vol., 1844.

tion suivante : « Lavoisier aurait déjà observé qu'un mélange d'oxygène et d'hydrogène permet aux animaux de vivre comme le mélange d'oxygène et d'azote ». Dans le grand *Dictionnaire de Physiologie* de Wagner [1] se trouve un article de Vierordt très documenté et très impartial. Lavoisier y est cité au milieu d'une foule d'autres noms et il est impossible au lecteur d'apprécier le rôle qu'il a joué. Cela est si vrai que, dans le *Traité* de Valentin [2], paru quelques années plus tard, et dont l'auteur s'est manifestement renseigné dans Wagner, c'est à peine si Lavoisier est cité à propos d'un fait secondaire, tel que la température de l'air expiré et son degré de saturation en vapeur d'eau. Il n'y a là aucune question de partialité ou de rivalité nationale, car à chaque page on trouve les noms de Cuvier, Laennec, Legallois, Dumas et Boussingault, Regnault et Reiset, Gay-Lussac, Buffon, etc. Évidemment ces auteurs de bonne foi n'ont pas démêlé la part revenant à Lavoisier dans la grande transformation de la science qui a eu lieu à la fin du xvIII[e] siècle.

A part quelques rares exceptions, il n'en est plus de même aujourd'hui.

Au moment où Lavoisier parut, la question des éléments se posait encore. De l'eau, de l'air, du feu, de la terre, on ne savait lequel était simple ou composé, c'est à peine si la question se posait; pouvaient-ils s'unir les uns aux autres? on se le demandait, et de bons esprits inclinaient à croire que l'eau pouvait se changer en terre. On savait toutefois qu'il y avait différentes espèces d'airs et de terres. Il y avait même une série très compliquée de terres, composés elles-mêmes des terres primitives simples, lesquelles étaient au nombre de huit : la chaux, la magnésie, la baryte, l'alumine, la silice, la strontiane, la

1. *Handwörterbuch der Physiologie*, R. Wagner, 5 vol., 1842-1853.
2. *Lehrbuch der Physiologie des Menschen*, Dr G. Valentin, 2 vol., 1847-1851.

zircône et la terre du béryl; toutes les autres terres et pierres étant formées de ces principes.

L'idée de la transmutation d'eau en terre tirait son origine d'une expérience de van Helmont et d'une autre de Boyle.

Van Helmont ayant mis dans un vase 200 livres de terre séchée au four, y planta un tronc de saule du poids de 5 livres et l'arrosa soigneusement, quand besoin en était, avec de l'eau de pluie ou de l'eau distillée. Au bout de cinq ans le saule pesait 169 livres 2 onces, et la terre n'avait perdu que 2 onces, d'où Van Helmont conclut que 164 livres de bois avaient été produites par de l'eau.

Boyle fit une expérience plus directe. Il distilla de l'eau 200 fois et constata qu'à chaque opération il y avait un petit dépôt de terre qui finit par monter à 62 drachmes.

D'autres auteurs s'étaient livrés à des expériences analogues et, malgré l'avis contraire de Boerhave, bien des savants y ajoutaient foi.

Lavoisier en fit d'abord une critique très avisée, puis soumit la question à l'expérience; on voit immédiatement apparaître l'esprit de méthode qu'il apporta dans tous ses travaux.

Il plaça de l'eau distillée dans un récipient de verre clos chauffé au bain de sable. Le récipient avait une forme telle que l'eau distillait et retombait sans cesse dans l'appareil, il ne pouvait s'en perdre. Le récipient et l'eau avaient été soigneusement pesés au début de l'expérience. Au bout de quelque temps l'eau se troubla, puis il apparut un dépôt comme dans l'expérience de Boyle. Après plus de cent jours l'opération fut arrêtée; à l'aide de pesées soigneuses, Lavoisier montra que le vase avait perdu de son poids par attaque de sa paroi. Cette perte de poids se retrouvait dans le dépôt de terre et un corps resté en dissolution dans l'eau. Il n'y avait donc pas eu de transmutation d'eau en terre.

Je rappelle cette histoire, aujourd'hui étrange, pour faire comprendre où en était l'état de la science au moment de Lavoisier et montrer quelle était sa façon d'aborder un problème. Il savait trouver l'expérience décisive, opérait avec précision et jugeait les choses avec un admirable bon sens. Ce fut sa qualité dominante d'avoir un esprit clair, aussi bien dans son œuvre scientifique que dans toutes les questions de la vie privée et publique.

Cependant l'attention des chimistes était vivement attirée par l'étude des gaz ou des airs, comme on les appelait, et par le rôle que la chaleur jouait dans les opérations chimiques.

Ces problèmes n'étaient pas nouveaux, depuis la plus haute antiquité ils avaient préoccupé les philosophes.

Certainement bien des observations justes ont été faites puis perdues. D'après celles qui nous sont parvenues, Roger Bacon [1] semble être un des premiers à distinguer un air qui est l'aliment du feu d'un autre qui l'éteint; il connaît l'expérience de la lumière qui cesse de brûler dans l'air confiné. Léonard de Vinci [2] soutient que le feu consume de l'air et qu'aucun animal ne peut plus vivre dans l'air qui n'entretient plus la flamme.

Paracelse [3] et ses contemporains connaissaient un certain esprit sauvage, « spiritus silvestris », substance élastique qui se dégage des corps dans la combustion, la fermentation, les effervescences. Lui-même croit que c'est de l'air, dont il connaît pourtant bien les propriétés, car il dit : « S'il n'y avait pas d'air, tous les êtres vivants mourraient. Si le bois brûle, c'est l'air qui en est la cause; sans l'air il ne brûlerait pas. » Comme son contemporain

---

1. Roger Bacon, né à Ilchester (Somerset) en 1214, mort en 1292(?).
2. Léonard de Vinci, né au château de Vinci, près Florence, en 1452, mort en 1518 à Clos-Lucé, près d'Amboise.
3. Paracelse (*Philippe Auréole Bombast von Hohenheim* dit), né en 1493 à Einsiedeln, mort en 1551 à Salzbourg.

Agricola[1], il sait que l'étain et le plomb augmentent de poids par la calcination, mais il ignore totalement pourquoi. Il trouve que l'eau additionnée de vitriol donne lieu, en agissant sur le fer, à un dégagement d'air et va jusqu'à se demander si cela ne provient pas de la décomposition de l'eau. Cet homme étrange fit bien d'autres observations remarquables, mais errant sans cesse du nord au midi, du levant au couchant, tantôt en Suède, tantôt en Espagne ou en Italie, passant par l'Égypte et la Tartarie, obligé, par suite des nécessités de la vie, d'exercer la médecine un jour, le lendemain d'évoquer les morts et de lire dans les lignes de la main, il ne put jamais poursuivre une étude sérieuse et alla finalement périr misérablement, à quarante-huit ans, sur un grabat de l'hôpital de Salzbourg.

Un peu plus tard van Helmont[2] reprit l'étude de l'esprit silvestre auquel il donna le nom de *gaz*, sans doute de *geist, esprit*. D'après lui, le gaz s'échappe non seulement des matières en fermentation, mais aussi du sel ammoniac, des végétaux pendant la cuisson, de la poudre à canon qui s'enflamme. Il se trouve dans la grotte du Chien, dans les mines, dans la vapeur du charbon, dans l'eau de Spa. Il produit l'enflure des cadavres sous l'eau et pourrait bien être la cause des vents et des rapports. Quand les terres font effervescence avec les acides, le gaz s'en dégage avec une telle force qu'il peut briser les vaisseaux où l'on fait l'expérience. Van Helmont ne pense pas comme Paracelse que le gaz soit de l'air, il inclinerait plutôt à croire que c'est de l'eau en vapeur ou alors la combinaison « d'un acide très subtil avec un alcali volatil ». Pour comprendre les difficultés avec lesquelles van Helmont était aux prises et s'expliquer ses confu-

1. Agricola (*A Landmann* dit), né à Glaucha (Saxe) en 1494, mort en 1555.

2. J.-B. van Helmont, né à Bruxelles en 1577, mort en 1644.

sions, il faut se rappeler qu'il ne savait pas recueillir les gaz.

En 1630 parut un livre dû à un médecin languedocien, Jean Rey[1], où pour la première fois se trouve formulée une idée qui, reprise plus tard, devait conduire aux plus grandes découvertes. Cette idée, la voici : si l'étain et le plomb augmentent de poids par calcination, c'est aux dépens d'une certaine portion d'air qui se fixe sur eux. Jean Rey n'avait pas fait l'expérience lui-même, mais il interprétait celle de son ami Brun, apothicaire à Bergerac, avec lequel il entretenait une correspondance suivie. Ce dernier avait calciné 2 livres 6 onces d'étain, et le tout pesait à la fin 2 livres 13 onces. Jean Rey explique que cette augmentation de poids ne peut tenir qu'à l'air fixé et « attaché à ses plus menues parties » (Essay XVI). Il réfute les diverses objections que l'on pourrait faire à cette manière de voir et explique pourquoi l'augmentation de poids ne continue pas indéfiniment sous l'action du feu (Essay XXVI).

Vers la même époque, Robert Boyle[2], l'inventeur, en même temps que Mariotte, de la loi de compression des gaz, donnait une explication différente de l'augmentation de poids des métaux par la calcination : pour lui c'était la matière du feu qui se fixait sur le métal. Il connaissait, par les observations faites dans les mines, deux espèces d'airs différents de l'air commun. L'un est plus pesant que l'air atmosphérique, il se trouve au fond des puits, il éteint les chandelles et tue les animaux, « choke damp ». L'autre, « fire damp », plus léger, se tient à la voûte des lieux sou-

---

1. Essays de Jean Rey, Docteur en médecine, *Sur la recherche de la cause pour laquelle l'étain et le plomb augmentent de poids quand on les calcine*, nouvelle édition, 1777. Jean Rey était né à Bugue sur la Dordogne. Il habitait chez son frère dans la même province (Languedoc), à Rochebeaucourt. La 1re édition est — Même titre, in-8, Bazas, par Guillaume Millanges, imprimeur ordinaire du Roi, 1630, 142 pages.

2. R. Boyle, né à Lismore, Irlande (1627-1691).

terrains, il est sujet à prendre feu avec explosion, comme la poudre à canon.

Boyle fit un grand nombre d'expériences sur l'air à l'aide de la machine pneumatique; il montra que cet air est nécessaire à la vie des plantes, des animaux aériens ou aquatiques, y compris les insectes. Il pensa que « la dépuration du sang était un des principaux buts de la respiration ». Enfin il vit une chose très importante, dont il ne saisit pas la portée, c'est que diverses substances, le soufre, le camphre, l'ambre, en brûlant dans l'air en diminuent le volume.

Ici, arrivés à la fin du xviie siècle, nous voyons apparaître l'homme de génie qui fut le véritable précurseur, longtemps méconnu, de Lavoisier.

Un médecin anglais, John Mayow[1], fut le premier à voir que l'air n'est pas un élément, mais un mélange dont l'un des constituants était ce qu'il nomma l'esprit nitro-aérien : « Spiritus nitro-aereus, Particulæ nitro-aereæ, Particulæ igneo-aereæ, Particulæ aeris vitales ».

C'est cet esprit nitro-aérien qui est nécessaire à l'entretien de la flamme, qui se combine au soufre et à d'autres corps pour former des acides. Il se fixe sur les métaux pendant leur calcination pour augmenter leur poids et former des chaux. Il se trouve dans le salpêtre qui peut ainsi entretenir la flamme. C'est encore lui qui intervient dans la fermentation du moût de vin, de la bière, et dans la transformation du vin en vinaigre.

---

1. J. Mayow, né en 1645 dans le Comté de Cornwall, mort médecin à Bath en 1688. — Johannis Mayow Londinensis Doctoris et Medici, *Opera omnia Medico-Physica Tractatibus quinque comprehensa*. Editio novissima, Figuris æneis adornata, Hagæ-Comitum. Apud Arnoldum Leers, 1681. — La première édition non illustrée est de 1674. Oxford. — D'après König (Chemie der menschlichen Nahrungs und Genussmittel, Bd. II, 1904, p. 286), Sylvius de le Boë regardait la respiration comme quelque chose d'analogue à la combustion (1614-1672), et Thomas Willis, contemporain de Mayow (1671), considérait les deux phénomènes non comme analogues, mais comme identiques.

« Le principe nitro-aérien, dit Mayow, n'est pas tout l'air lui même; il n'en constitue qu'une partie, mais la partie la plus active. »

« Les particules aériennes absorbées pendant la respiration sont destinées à changer le sang veineux en sang artériel. »

Enfin Mayow voit l'analogie de la combustion et de la respiration, celle de l'adulte aussi bien que celle du fœtus, auquel il consacre spécialement un de ses cinq traités, et il constate que l'esprit nitro-aérien est nécessaire à toutes les formes de la vie, aussi bien des animaux que des plantes. Mayow publia son livre à l'âge de vingt-neuf ans; il mourait à quarante-trois ans, n'ayant pu achever son œuvre, qui dormit, négligée, pendant 100 ans. Il y a dans l'œuvre de Mayow une foule de choses des plus intéressantes concernant la physiologie. Il ne lui avait manqué, pour compléter son œuvre, que d'isoler l'oxygène. Du reste sa technique était pauvre, consistant simplement à renverser un vase plein d'air sur l'eau. C'est dans ce volume qu'il faisait ses expériences, y mettant une chandelle qu'il allumait, un corps qu'il chauffait au verre ardent concentrant les rayons solaires à travers la paroi de la cloche, ou y introduisant une souris. Mais il ne savait ni transvaser les gaz, ni les mesurer avec quelque précision.

Toute l'attention et l'admiration des chimistes furent bientôt absorbées par une doctrine étrange, accueillie avec un enthousiasme d'autant plus grand qu'elle conservait un petit air mystérieux. Les savants étaient toujours préoccupés par l'action en apparence si contradictoire que le feu exerçait sur les corps, dont tantôt il augmentait, tantôt diminuait le poids. Pourquoi tel corps était-il combustible et pas tel autre? Il y avait là une série de problèmes dont Stahl[1] se chargea de donner une solution

1. Stahl (Georges-Ernest), né en 1660 à Anspach, mort à Berlin en 1734.

satisfaisant à tous les cas. Laissant de côté les prémisses et les raisonnements dont on jugera la valeur par le résultat, voici la conception à laquelle il s'arrêta.

Les corps combustibles brûlent grâce à un principe dont ils sont imprégnés, et nommé *phlogiston* par les disciples de Stahl. Les corps sont naturellement d'autant plus combustibles qu'ils contiennent plus de phlogiston; pendant la combustion, le phlogiston se dégage. Quand on calcine certains corps comme l'étain ou le plomb, leur phlogiston s'en va, il reste de la chaux d'étain ou de plomb. Pour rendre au corps son phlogiston, il faut le chauffer avec un corps qui en contienne beaucoup, du charbon ou de l'huile par exemple. Il est remarquable que tout cela soit précisément le contraire de la vérité; là où il y a réellement un gain Stahl voyait une perte et inversement. Certains esprits mal faits comme il s'en rencontre parfois firent bien remarquer que quelques observations paraissaient difficiles à concilier avec cette théorie, par exemple l'augmentation de poids du métal qui se transformait en chaux, chose à laquelle Stahl semble n'avoir pas songé. Mais cette difficulté apparente disparaissait en admettant simplement, comme le fit Guyton de Morveau, que le phlogiston tendait à soulever les corps.

Pour donner une idée de la force avec laquelle cette théorie était ancrée dans les cerveaux, disons qu'un chimiste de la valeur de Priestley mourait en 1804, trente ans après avoir lui-même découvert l'oxygène et après les travaux de Lavoisier, sans avoir pu renoncer à la théorie du phlogiston.

Mais un nouveau pas important allait être fait dans la technique des gaz. Un pauvre homme, nommé Moitrel d'Element[1], découvrit et enseigna publiquement vers 1719

---

1. *La manière de rendre l'air visible et assez sensible pour le mesurer par pintes, etc.*, par P. Moitrel d'Element, ingénieur, dédiée aux dames.

les procédés permettant de transvaser les gaz et de les
mesurer. Couvert de ridicule par les savants officiels
de l'époque, il vivait péniblement dans une mansarde
de la rue Hyacinthe et publia une petite brochure dans
laquelle il exposait ses méthodes avec une clarté parfaite; ce sont celles que l'on emploie encore aujourd'hui.
Pour l'arracher à la misère, quelqu'un l'emmena en
Amérique où il mourut.

D'un autre côté, Étienne Hales[1], plus heureux que
Moitrel d'Element, qu'il ignora, imagina le procédé
permettant de recueillir les gaz provenant d'une distillation et de les mesurer. Ce procédé était très simple, on
n'a encore rien inventé de mieux : il consistait à munir
la cornue où se faisait la cuisson d'un tube convenablement recourbé passant sous un flacon retourné sur
l'eau et rempli de liquide. Hales[2] étudia ainsi les gaz
provenant de la distillation d'un grand nombre de matières, mais il les confondait tous, les prenant pour de
l'air chargé de diverses impuretés. Il les considérait
comme de l'air fixé sur les corps, « fixed air », que la
chaleur en chassait. Il fit aussi de nombreuses expériences sur la combustion et la respiration en vase clos,
et attribua l'altération de l'air au dégagement de vapeurs
nuisibles, « noxious vapours », qui faisaient perdre à l'air
son élasticité, puisqu'il diminuait de volume. Ce qui le
trompa c'est que dans ses nombreuses mesures il eut
presque sans cesse des erreurs dues, comme le fait
remarquer Lavoisier, à la dissolution des gaz dans l'eau
sur laquelle il opérait. Mais il fit une observation
importante : l'air altéré par la respiration ou la com-

Réimprimé avec les Essays de Jean Rey. — L'original était imprimé et
vendu trois sols chez C. L. Thiboust, imprimeur-libraire, place de Cambray,
et chez la veuve Le Fèvre, au Palais, en 1719.

1. Stephen Hales, né dans le comté de Kent en 1677, mort en 1761.

2. *La statique des végétaux et l'analyse de l'air*, avec 20 planches, par
M. Hales D. D., traduit par M. de Buffon. Paris, chez Debure l'aîné, 1735.

bustion était purifié par filtration à travers une flanelle imprégnée de sel de tartre, qui retenait quelque chose, puisqu'elle augmentait de poids dans cette opération.

Il y avait donc bien quelques progrès, mais la plus grande confusion continuait à régner dans l'étude des airs. Les choses allaient changer brusquement dans la seconde moitié du xviiie siècle grâce principalement aux travaux de quatre hommes[1]. Black[2] étudia l'air fixe (CO_2) et le distingua des autres airs, mais sans établir sa nature. Cavendish découvrit l'air inflammable (H) par l'action de l'eau additionnée de vitriol sur le fer ou le zinc, et reconnut qu'en brûlant à l'air il donnait de l'eau, mais il ne put comprendre pourquoi. Priestley prépara divers gaz dont l'air déphlogistiqué (O), mais fut induit en erreur sur sa nature. Enfin Lavoisier reprit dans des conditions nouvelles, avec une technique excellente, les expériences faites avant lui, il les modifia judicieusement, et reliant toutes les observations, en donna l'explication que nous admettons encore aujourd'hui.

1. Je passe sur deux chimistes considérables qui ne furent pas directement mêlés aux controverses de Lavoisier.

Charles-Guillaume Scheel, né à Stralsund en 1742, mort en 1786.

Scheel prépara l'oxygène par l'action de l'acide sulfurique sur le bioxyde de manganèse et étudia un grand nombre de ses propriétés, mais il fut induit en erreur sur sa nature par ses idées sur le phlogistique, qu'il considère comme un véritable élément dont la combinaison avec l'air du feu (oxygène) constitue le calorique.

Torbern Bergmann, né à Catharinenberg en 1735, mort en 1784. Peu s'en fallut que Bergmann ne devançât Lavoisier.

« L'air commun est un mélange de trois fluides élastiques, savoir : *de l'acide aérien* (CO_2) libre, mais en si petite quantité qu'il n'altère pas sensiblement la teinture de tournesol; d'un air qui ne peut servir à la combustion ni à la respiration des animaux et que nous appellerons *air vicié* (Az) jusqu'à ce que nous connaissions mieux sa nature; enfin d'un air absolument nécessaire au feu et à la vie animale, qui fait à peu près le quart de l'air commun et que je regarde comme l'air pur. »

2. Black (Joseph), né à Bordeaux en 1728, mort en 1799 à Edimbourg. — Cavendish (Henry), né à Nice en 1731, mort en 1810 à Londres. — Priestley (Joseph), né à Fieldhead en 1733, mort à Philadelphie en Amérique en 1804, empoisonné accidentellement (nommé citoyen français et membre de la Convention). — Lavoisier (Antoine-Laurent), né à Paris, le 20 août 1743, guillotiné à Paris le 8 mai 1794.

Voici, du reste, ce qui se passa :

Black avait donc repris l'étude du gaz de van Helmont sous le nom d'air fixe (fixed air). Il montra que cet air est différent de celui de l'atmosphère en ce qu'il trouble l'eau de chaux. Il se dégage de la pierre calcaire ou de la craie par deux procédés, soit par la chaleur, soit en faisant agir sur elle un acide. La calcination cause une perte de poids, la pierre calcaire donnant de la chaux caustique qui peut perdre sa causticité et reprendre son poids primitif en absorbant de l'air fixe. Une fois la craie traitée par un acide en solution on peut précipiter par un alcali caustique et on a de la chaux en poids égal à celui obtenu par la calcination. Ou bien on précipite par un alcali ordinaire (carbonate) et on a de la craie. Black montra aussi la présence de l'air fixe dans l'air expiré, par précipitation de l'eau de chaux. Je passe sur les détails.

Il n'y a rien à changer à cela aujourd'hui ; c'était précis, clair, facile à vérifier, semble-t-il, et une vérité pareille a dû s'imposer immédiatement. Il n'en fut rien. Un apothicaire d'Osnabruck, nommé Meyer, chimiste de valeur, d'ailleurs, répétant mal les expériences de Black, en contesta l'exactitude, et voici comment tout cela lui parut devoir être interprété. Par la calcination, le feu fixe sur la pierre calcaire un principe subtil, qu'il nomma « acidum pingue », « très proche du feu et de la lumière ». C'est manifestement l'acidum pingue qui donne à la chaux sa causticité. Si l'acidum pingue s'évapore à l'air, la chaux perd sa causticité. Meyer entre dans toute une série de considérations sur le rôle de l'acidum pingue ; c'est de nouveau juste l'inverse de la vérité. On constate avec stupeur que Lavoisier, l'homme de bon sens parfait, trouve, dans le précis historique qui précède ses premiers travaux sur les émanations élastiques, que « peu de ivres de chimie moderne annoncent plus de génie que celui de M. Meyer » : il n'est pas éloigné de prendre parti pour lui contre Black. Toutefois, quand Meyer se lance dans une comparaison de l'acidum pingue avec le feu, la lumière, l'électricité et le phlogistique, Lavoisier [1] termine en disant : « Ce chimiste, il faut l'avouer, s'est un peu abandonné à la propension qu'ont tous ceux qui croient avoir découvert un nouvel agent, et qui l'appliquent indistinctement à tout. »

Mais Lavoisier allait bientôt changer d'opinion. En 1773 il reprit méthodiquement les expériences de Black et les confirma en tous points. La même année il montra que l'étain et le plomb calcinés en vase clos au foyer d'une lentille augmentent de poids, mais moins qu'à l'air libre. Cette calcination a des bornes, à mesure qu'elle s'opère le volume d'air diminue à peu près proportionnellement à l'augmentation de poids du métal qui se transforme en chaux. Lavoisier en conclut « qu'il se combine avec les métaux pendant leur calcination un fluide élastique qui se fixe, et c'est à cette fixation qu'est due leur augmentation de poids ».

« Plusieurs circonstances sembleraient porter à croire que tout l'air que nous respirons n'est pas propre à se fixer pour entrer dans la combinaison des chaux métalliques, mais qu'il existe dans l'atmosphère un fluide élastique particulier qui se trouve mêlé avec l'air, et que c'est au moment où la quantité de ce fluide contenu sous la cloche est épuisée, que la calcination ne peut plus avoir lieu. » L'augmentation de poids des métaux calcinés ne provenait pas, comme le pensait Boyle, de la fixation de la matière du feu, car en calcinant au verre ardent dans une cornue en verre fermée, il n'y avait pas de

1. Les citations relatives aux travaux de Lavoisier sont prises dans *Œuvres de Lavoisier* publiées par les soins du Ministère de l'Instruction publique, publication commencée en 1864 sous la direction de Dumas, 4 vol., et terminée par Grimaux, 2 vol., en 1893.

changement de poids du total, mais seulement du métal avec disparition d'une partie de l'air.

Lavoisier ajoute, en note, que ce n'est qu'après avoir fait ces expériences qu'il eut connaissance de celles de Priestley qui arrivait à des résultats analogues, mais n'en tirait pas la même conclusion, comme on verra plus loin.

La même diminution de volume de l'air se produit dans la combustion du phosphore, la réduction est du cinquième environ du volume total. En même temps il y a une augmentation de poids du phosphore, qui serait égale à la diminution de poids de l'air, si la portion d'air qui disparait pesait à volume égal un quart en plus que l'air commun. (Cela donnerait comme densité de l'oxygène 1,25, en réalité elle est 1,1.)

L'air qui restait sous la cloche après combustion du phosphore n'était plus propre à la combustion d'une chandelle. Quelle était donc cette portion de l'air qui disparaissait, ici nous arrivons à un point délicat, nous pénétrons sur ce qui fut un instant le territoire contesté.

On savait depuis longtemps que le précipité *per se* (oxyde rouge de mercure) calciné reproduisait le mercure.

En avril 1774, un chimiste nommé Bayen[1], chauffant dans une cornue de verre ce précipité *per se* constata que dans cette opération il se dégageait un fluide élastique; il ajouta que l'augmentation de poids du mercure lors de sa transformation en précipité *per se* tient sans doute à la même cause inconnue que la transformation des métaux en chaux, mais il ne poussa pas plus loin son étude.

En août de la même année, Priestley, qui avait fait des travaux très importants sur les airs, cherchant à fabriquer de l'air « moins riche en phlogiston » que l'air atmosphérique, et chauffant pour cela les produits les plus variés, retomba sur l'expérience de Bayen.

----

1. Bayen (Pierre), né à Châlons-sur-Marne, 1725-1798.

De passage à Paris en octobre 1774, Priestley fit part de son expérience à diverses personnes parmi lesquelles Lavoisier. A cette époque, de son propre aveu, Priestley ne se doutait pas de ce que pouvait être l'air préparé ainsi, il n'avait même pas eu un seul instant l'idée qu'il pût être propre à la respiration. Ce fut-il là le trait de lumière pour Lavoisier, est-ce l'expérience de Priestley qui le mit sur la bonne voie, ou y fut-il amené logiquement par la suite de ses propres recherches? Depuis quelque temps il cherchait à réduire les chaux par la chaleur sans faire intervenir le charbon qui compliquait l'expérience. Cette réduction ne pouvait se faire ni avec le plomb, ni avec l'étain, ni avec le fer sur lesquels Lavoisier avait opéré, mais avec le mercure.

Lavoisier vérifia d'abord que l'oxyde rouge de mercure se comporte avec le charbon comme les chaux de plomb ou d'étain; puis, au mois de novembre, il reprit l'expérience de Priestley et, à Pâques 1775, il lut à l'Académie des Sciences un mémoire dans lequel il montra la nature du fluide nouveau qu'il désigna sous le nom d' « air éminemment respirable ». C'est lui qui est la partie respirable de l'atmosphère, qui se fixe sur les métaux pour donner des chaux, qui se trouve dans l'acide nitreux et par suite dans le nitre, lequel favorise la combustion des corps. C'est lui enfin qui se combine au charbon pour donner l'air fixe de Black. C'est pour cela qu'en réduisant par la chaleur les chaux métalliques en présence du charbon on a un dégagement d'air fixe.

A partir de ce moment les découvertes de Lavoisier se suivent sans interruption, et ce n'est pas ici le lieu d'analyser les mémoires successifs dans lesquels il éclaire peu à peu toutes les questions en suspens, ruine la théorie du phlogistique et fonde la chimie moderne.

En 1776 il établit la composition de l'acide nitreux (azotique) ; en 1777, celle de l'acide phosphorique, et le 3 mai de la même année il lut à l'Académie un mémoire au cours duquel il décrivit l'expérience classique de l'analyse et de la synthèse de l'air[1] ; il ne se passe pas une année sans qu'il ne paraisse plusieurs mémoires, tous de la plus haute importance. Il fut le premier à voir clairement ce qui se passait dans la combustion de l'air inflammable (hydrogène). Divers savants opérateurs, Macquer, Cavendish, Priestley, Monge avaient constaté la formation de l'eau dans cette opération, mais c'est Lavoisier qui, pendant quelque temps égaré par l'idée préconçue que les combinaisons de l'oxygène devaient être des acides, finit par son esprit méthodique par démêler cette question dans laquelle tous les autres expérimentateurs se perdaient.

La conclusion de l'ensemble de ces recherches fut que dans toutes les opérations chimiques la matière pondérable ne fait que subir des transformations, mais jamais de variations de poids. La chaleur n'entre d'aucune façon en ligne de compte, elle intervient pour faire passer les corps de l'état solide à l'état liquide et à l'état gazeux, mais cela ne change pas leur poids. Il n'y a pas de phlogistique, « car rien ne se crée, ni dans les opérations de l'art, ni dans celles de la nature, et l'on peut poser en principe que, dans toute opération, il y a une égale quantité de matière avant et après l'opération ; que la qualité et la quantité des principes est la même, et qu'il n'y a que des changements, des modifications » (p. 101, *Traité de Chimie*).

Je parlerai ailleurs de ses importants travaux sur la calorimétrie et la respiration.

En 1787 il publia, en collaboration avec Guyton de

---

1. Traité de Chimie p. 361, Lavoisier dit avoir décrit l'expérience en 1775. La description détaillée de l'expérience est à la page 36.

Morveau[1], Berthollet[2] et Fourcroy[3], la nouvelle nomenclature chimique, entreprise due à Guyton de Morveau, dans laquelle les corps simples sont désignés par les dénominations encore actuellement en usage, et où sont formulées, au moins dans leurs grandes lignes, les règles qui ont servi à nommer les composés.

En 1789 Lavoisier fit paraître le premier traité sur les nouvelles méthodes, une ère nouvelle s'ouvrait pour la chimie et la physiologie.

Aujourd'hui on se rend difficilement compte des luttes que Lavoisier eut à soutenir pour faire triompher ses idées. Berthollet s'y rallia le premier et l'annonça publiquement à l'Académie le 6 août 1785, suivi bientôt par le prudent Fourcroy et par Guyton de Morveau. Puis ce furent les étrangers, parmi lesquels un des plus obstinés à défendre le phlogistique, Kirwan[4]; et enfin Black, le plus illustre des chimistes de cet époque, agé de plus de soixante ans, s'honora en reconnaissant qu'il avait passé sa vie à enseigner une erreur.

Cavendish et Priestley ne se rendirent jamais.

Et dire cependant qu'une fois les choses bien établies on chercha à nier l'originalité des idées de Lavoisier, on lui reprocha d'avoir eu des précurseurs, et d'avoir pillé les autres, ce qui est faux! Dans sa vie scientifique comme dans sa vie publique et privée il fut toujours l'homme du devoir. Sans doute il a emprunté aux autres, mais il suffit de lire ses mémoires pour constater qu'il leur a toujours laissé le mérite de ces emprunts, toujours il en a reporté sur eux l'honneur.

En tête de son cahier de laboratoire de 1773, époque à

---

1. Guyton de Morveau (L.-Bern), né à Dijon en 1737, mort à Paris en 1816.
2. Berthollet (Claude-Louis), né à Talloires en 1748, mort à Arcueil en 1822.
3. Fourcroy (Adrien-François), né à Paris en 1755, mort en 1809.
4. Kirwan (Richard), 1750-1812.

laquelle il a commencé ses travaux sur ces sujets, il a, après un historique de la question, très bien défini son rôle. « Les différents auteurs que je viens de citer m'ont présenté des portions séparées d'une grande chaîne; ils en ont fourni quelques chaînons, mais il reste une suite d'expériences nécessaires à faire pour fournir une continuité. »

On a principalement mis en avant Priestley et la découverte de l'oxygène, vraiment cela est-il juste? Dans le tome II de Priestley [1], p. 59, au sujet de l'air qui se dégage dans la calcination du précipité *per se*, alors que Lavoisier avait déjà publié depuis deux ans son « Mémoire sur la nature du principe qui se combine avec les métaux pendant leur calcination et qui en augmente le poids », qu'il avait établi la composition de l'acide nitreux et de l'acide phosphorique, nous lisons :

« Je fus alors pleinement satisfait sur la nature de cette nouvelle espèce d'air; c'est-à-dire que je conclus qu'elle doit contenir originairement moins de phlogistique que l'air commun, puisqu'elle est capable d'en recevoir davantage de l'air nitreux. L'objet qui se présenta tout de suite à mes recherches fut de découvrir par quel moyen cet air parvient à être si pur ou, philosophiquement parlant, si diphlogistiqué. » Partant de là, Priestley entreprend une série de recherches dont voici la conclusion.

P. 67. « Il ne resta aucun doute dans mon esprit, que l'air atmosphérique, ou la chose que nous respirons, ne soit composé d'acide nitreux et de terre, avec autant de phlogistique qu'il en faut pour la rendre élastique. » Ce n'est certainement pas là le fil conducteur qui aurait pu guider Lavoisier.

---

1. *Expériences et observations sur différentes espèces d'air*, par M. J. Priestley. — Traduit par M. Gibelin, avec Préface de Priestley. Paris. 1777, 3 vol.

On a aussi reproché à Lavoisier de ne faire que reprendre les idées de Jean Rey et de Mayow. On pourrait répondre à cela, si c'était vrai, que tout chacun avait le droit d'en faire autant, et que précisément un des immenses mérites de Lavoisier fut qu'en présence de faits connus et épars, il vit clair là où tous ses contemporains étaient perdus. Lavoisier ne connaissait ni Jean Rey ni Mayow lorsqu'il fit ses travaux. Le livre de Jean Rey était pour ainsi dire inconnu, on ne put en trouver que deux exemplaires, et Bayen le fit réimprimer pour faire pièce à Lavoisier. Du reste Jean Rey émit une idée juste sur l'augmentation de poids du plomb et de l'étain par calcination, mais cette idée ne fut appuyée par aucune expérience qui lui aurait réellement donné toute sa valeur.

Pour Mayow la question est différente. Certainement, si Lavoisier avait lu Mayow sa tâche eût été singulièrement facilitée, il n'en aurait pas moins eu le mérite de voir juste là où les autres se trompaient. Ses expériences, si bien conduites et si démonstratives, n'auraient pas été moins nécessaires, mais pendant une bonne partie de la route il n'aurait eu qu'à suivre les idées de Mayow. Seulement Lavoisier l'ignora, ce qui ne serait pas arrivé s'il avait vraiment bien fait sa bibliographie. Il analyse en effet soigneusement Hales : « Statique des végétaux ». Or à deux reprises, à l'occasion d'expériences qui ont frappé Lavoisier, puisqu'il les rapporte dans son analyse, Hales cite Mayow [1]. Ceci montre une fois de plus combien il est important de recourir toujours aux sources directes et de ne pas apprécier un travail d'après l'opinion d'un intermédiaire. Hales ne pouvait pas comprendre Mayow, ses

---

1. P. 201 : « Le Dr Mayow trouve que l'air diminue d'un trentième de son volume par la combustion d'une chandelle ». — P. 202 : « Le Dr Mayow a trouvé que la respiration d'une souris détruisait la quatorzième partie de l'air contenu dans le vaisseau de verre où elle était enfermée ».

idées allaient à l'encontre de celles de ce dernier, mais pour Lavoiser la lecture du premier traité de Mayow eût été une révélation.

Les œuvres de Mayow existaient cependant à Paris, il y en avait au moins un exemplaire à la vieille Faculté de Médecine et un autre au Collège des chirugiens. Ils furent versés le 14 frimaire an III, six mois après la mort de Lavoisier, à la nouvelle Faculté de Médecine, où ils se trouvent aujourd'hui. Depuis 1850 il y a un exemplaire des œuvres de Mayow à la Bibliothèque du Muséum. Il vient de la Bibliothèque de de Blainville et se trouvait auparavant au Collège parisien de la Société de Jésus.

Mais Lavoisier n'en eut pas connaissance, car lorsqu'on lui signala Mayow, il écrivit à son ami Magellan à Londres pour lui demander d'en rechercher un exemplaire. Magellan fit tous les libraires de Londres sans pouvoir le trouver[1]. Lavoisier vit passer le nom de Mayow dans Hales, mais intéressé au plus haut point par ce qu'il trouvait dans ce dernier il mit sans doute Mayow au rang des nombreux rêveurs qui émettaient des théories sans base solide.

Quoi qu'il en soit, c'est seulement à la suite des travaux de Lavoisier que furent solidement établis les faits suivants.

L'air se compose de deux gaz différents, l'oxygène et l'azote, que l'on peut isoler et dont le mélange constitue à nouveau l'air.

L'un de ces gaz, l'oxygène, se fixe sur certains métaux calcinés à l'air, et leur augmentation de poids est égale au poids de gaz disparu.

L'oxygène s'unit au carbone, au soufre, au phosphore, à l'azote pour donner des acides, à l'hydrogène pour

---

1. Voir E. Grimaux, *Lavoisier*, p. 107, avec 10 gravures hors texte. Paris, Alcan.

donner l'eau, le poids des composants étant égal au poids du composé.

La combustion d'un corps dans l'air consiste dans la combinaison de ce corps avec l'oxygène de l'air. Cette combinaison est l'origine de la production de chaleur.

Le poids des matières qui entrent dans une réaction chimique ne subit aucune variation et n'est nullement influencé par quelque émanation du feu ou quelque phlogistique.

Ces découvertes eussent suffi pour rendre un homme illustre entre tous, nous verrons plus loin le rôle considérable joué par Lavoisier dans l'étude de la respiration et de la chaleur animale.

PHÉNOMÈNES GÉNÉRAUX DE LA CHALEUR

Avant de nous préoccuper de la nature de la chaleur, ou plutôt de l'idée que nous nous en faisons aujourd'hui, il y a lieu de passer en revue quelques faits. Il faut se demander quelles sont ses principales propriétés, quels sont ses effets, en tant que cette étude n'exige pas la connaissance de ce qu'est réellement la chaleur.

Cette dernière question sera traitée plus loin; notre génération a assisté à un changement complet dans les idées que l'on se faisait sur la nature de la chaleur, mais avant cette évolution les savants avaient réuni un grand nombre de documents qui, aujourd'hui encore, gardent toute leur valeur et sont de la plus haute importance.

Dans l'étude de la chaleur il se pose deux problèmes, souvent connexes, parfois isolés, le problème de la température et le problème des quantités de chaleur. Les deux notions ont chacune leur histoire séparée, elles s'étudient avec des méthodes et des instruments spéciaux à chacune d'elles.

Une division analogue se retrouve dans d'autres parties de la physique. Prenons comme exemple l'étude des gaz. Suivant les cas nous aurons à nous préoccuper avant tout soit de la quantité de gaz, soit de sa pression ; tantôt l'un, tantôt l'autre de ces facteurs pourra prendre une importance prédominante. Supposons que l'on veuille gonfler un ballon ou alimenter un brûleur, on fixera la quantité d'hydrogène nécessaire à cette opération. Si, au contraire, on veut refouler l'eau d'une cloche à plongeur, le facteur sur lequel l'attention devra se porter tout d'abord sera la pression de l'air que l'on voudra utiliser. On aurait beau disposer de tout l'atmosphère terrestre, s'il n'a pas la pression suffisante jamais on ne pourra refouler l'eau du caisson.

Suivant que l'on veut se rendre compte de la pression d'un gaz ou de sa quantité, on utilise des instruments différents, des manomètres ou des compteurs.

Le même problème se pose pour les quantités de liquide et leur pression, et pour divers autres problèmes.

Nous voyons donc, dans l'étude de la chaleur, intervenir deux facteurs : la quantité de chaleur et sa température. C'est l'étude de la température qui a été faite la première. Il semble évident que de toute antiquité on ait eu cette notion de température, de corps froid et de corps chaud. Dans certaines limites le simple toucher donne l'impression d'une température plus ou moins élevée. Cependant on peut ainsi être facilement induit en erreur. Nous savons parfaitement que nous apprécions différemment la température d'un corps suivant qu'auparavant nous avons été exposés au froid ou au chaud, et c'est à une erreur de ce genre que Mariotte attribue, très justement, l'impression de chaud ou de froid que l'on éprouve en entrant dans les caves en hiver ou en été, quoique la température n'y varie guère. Une expérience très simple permet d'ailleurs de mettre ce fait en évidence d'une façon frappante. Prenez un vase contenant de l'eau à la température du corps humain environ, puis placez à côté de lui deux autres vases contenant l'un de l'eau notablement plus chaude, l'autre de l'eau très froide. Quoique restant toujours à la même température, l'eau du premier vase paraîtra chaude ou froide, en y plongeant la main, suivant que préalablement nous l'aurons trempée quelque temps dans l'un ou dans l'autre des vases à eau très froide ou très chaude[1].

La nécessité d'un moyen moins sujet à erreur et plus précis se fit bientôt sentir parmi les chercheurs, et l'invention des premiers thermomètres se perd dans la nuit des temps. Elle a été, suivant les auteurs et les pays, attribuée à divers savants. Il n'est pas utile ici de discuter la priorité de l'invention du thermomètre : les uns prétendent qu'elle appartient à Drebbel ou à Sanctorius, les autres à Galilée.

Il semble qu'au début on ait fait usage de petits ballons contenant de l'air et munis d'une tige dans laquelle se déplaçait un index liquide; c'était ainsi en tout cas qu'étaient faits les instruments de Drebbel et de Sanctorius. On saisit immédiatement la mauvaise disposition de ce procédé, l'instrument était sensible aux variations de la pression atmosphérique. Ce reproche ne peut être fait au thermomètre dont se servait Jean Rey, qui décidément était un homme bien en avance sur son époque. Son thermomètre était, en somme, construit comme les thermomètres actuels, c'était un petit ballon terminé par une tige et contenant un liquide dont Jean Rey examinait la variation de volume[2]. Cette même idée était venue aux Académiciens de Florence, qui de plus avaient eu soin de fermer leur thermomètre, après y avoir mis de l'esprit-de-vin coloré, et avoir fait monter la colonne jusqu'au haut du tube au moment de la fermeture, afin

1. Expérience de Sagredo. Lettre à Galilée (Mach. Die Principien der Wärmelehre, p. 4. Leipzig, 1896).

2. Response de Jean Rey au père Mersene. P. 136 de la nouvelle édition des Essays : « Il y a diversité de thermoscopes ou thermomètres à ce que je voy : ce que vous en dites ne peut convenir au mien, qui n'est rien qu'une petite phiole ronde ayant un col fort long et deslié. Pour m'en servir je la mets au soleil, et parfois à la main d'un febricitant, l'ayant tout remplie d'eau fors le col, la chaleur dilatant l'eau fait qu'elle monte : le plus et le moins m'indiquent la chaleur grande ou petite. » Au Bugue en Périgort, le premier de l'an 1632.

d'éviter dans l'appareil les pressions excessives qui auraient pu en amener la rupture.

Mais une nouvelle question importante allait se poser. Avec un thermomètre tel que celui de Jean Rey ou des Académiciens de Florence, on voyait si la température s'élevait ou baissait. On pouvait même, à la condition de se servir toujours du même instrument, faire des comparaisons entre les températures relevées à divers moments sur l'échelle arbitraire du thermomètre. Mais bientôt chaque physicien se faisant isolément un thermomètre, les divers instruments et les résultats obtenus ne furent pas comparables entre eux[1]. De même un expérimentateur pourrait prendre des mesures de longueur avec une règle divisée quelconque qu'il fabriquerait arbitrairement, mais divers instruments gradués de cette façon ne donneraient pas des mesures comparables entre elles.

Boyle le premier proposa un point fixe, celui de la congélation de l'eau. Voilà qui était fort important, il y avait un point de départ, un zéro, le même pour tous les instruments. Mais rapidement on s'aperçut que cela ne suffisait pas, car tout en partant du même point on avait des valeurs différentes pour les diverses températures suivant que les divisions à partir du zéro étaient plus ou moins importantes ; on comprit la nécessité de fixer la valeur de ces divisions, c'est-à-dire la nécessité d'un deuxième point fixe. Car en faisant toujours correspondre le déplacement du haut de la colonne entre les deux points fixes à une même variation de température, et en divisant cet intervalle en un même nombre de parties on avait une unité bien déterminée.

Comme deuxième point fixe on prit d'abord la fusion du beurre. L'unité d'élévation de température correspon-

---

1. *La Chaleur*, Clerk Maxwell, p. 46 : « Les mesures de température faites par Rinieri devinrent inutiles par suite de la perte des thermomètres C'est quand Antinori les retrouva qu'on put utiliser ces mesures. »

dait donc à une fraction, au dixième par exemple de la variation de température entre le point de la glace fondante et de la fusion du beurre. Ce n'était pas bien précis, car le beurre ne fond pas à une température fixe.

En 1701, Newton utilisa une échelle thermométrique en déterminant six points fixes, c'était excessif. Il en résultait fatalement que la valeur de l'unité variait chaque fois qu'on passait d'un intervalle à l'autre.

L'année suivante, Amontons construisit un thermomètre où il utilisait comme deuxième point fixe la température de l'eau bouillante. Comme liquide il employa du mercure; malheureusement il remplit le réservoir de son thermomètre avec de l'air, le mercure ne servant que d'index; c'était retomber dans l'erreur primitive. Mais les progrès apportés par lui ne furent pas perdus, car la lecture de son mémoire amena Farenheit à construire l'instrument encore en usage aujourd'hui en Angleterre. Farenheit fabriquait en Hollande des thermomètres à alcool. Il avait modifié la forme du réservoir en l'allongeant pour augmenter sa surface, ce qui lui permettait de se mettre plus rapidement en équilibre. Pour graduer le thermomètre, il le plongeait dans un mélange de glace, d'eau et de sel marin et marquait 0 au point où il s'arrêtait. Puis il le mettait dans la glace et marquait 32. Il se servait encore d'un troisième point fixe, celui du corps humain. Il arrivait ainsi à faire des thermomètres assez comparables lorsque vers 1724 la lecture du mémoire d'Amontons modifia ses idées. Il remplaça l'alcool par le mercure et prit comme point fixe la température de l'eau bouillante, où il marqua 212°, celle de la glace fondante étant 32°. Cette échelle était étrange, mais la construction de l'instrument était correcte. Il n'y avait plus qu'à modifier l'échelle, c'est ce que fit Réaumur qui marqua zéro à la glace fondante, 80 à l'eau bouillante. Enfin le physicien suédois Celsius proposa l'échelle centésimale aujourd'hui universellement adoptée dans les recherches scientifiques. Ceci bien entendu ne se passa pas avec la simplicité que je rapporte. En dehors de l'amour-propre scientifique, des questions de nationalité s'étaient mêlées à l'affaire; on discutait de la supériorité de l'alcool sur le mercure ou du mercure sur l'acool, chacun tenait aussi à son échelle; pendant longtemps les Anglais ne voulurent pas renoncer au thermomètre normal de la Société royale dont le zéro était en haut et 65° à la gelée; de Luc de Genève ne pouvait admettre que le thermomètre de Réaumur donnât des indications exactes; les Allemands avaient le thermomètre de Lambert, les Russes celui de Delisle; on discutait, confondant les conditions essentielles d'une échelle avec les conditions purement conventionnelles; enfin l'accord se fit grâce surtout aux efforts de Celsius, qui fit comprendre que l'importance capitale était l'établissement des deux points fixes, le reste étant accessoire.

Actuellement l'échelle thermométrique adoptée repose sur la dilatation de l'hydrogène à volume constant, c'est-à-dire que l'on porte une certaine masse d'hydrogène dans la glace fondante où l'on compte 0°, puis on passe à la vapeur d'eau bouillante à la pression de 760 mm.; pour maintenir le volume constant il faut augmenter la pression, cette augmentation correspond à 100° et, en la divisant en 100 parties égales, on a l'échelle centésimale. Je passe sur les détails expérimentaux.

Si l'on gradue de même un thermomètre à mercure en se basant sur les variations de volume du liquide, il y aura concordance parfaite à 0° et à 100° entre ce thermomètre et le thermomètre à hydrogène, c'est évident, mais cette concordance ne se maintiendra pas dans l'intervalle, la loi de dilatation du mercure dans le verre n'étant pas la même que la loi de dilatation de l'hydrogène. Pour avoir une bonne graduation du thermomètre à mercure, il faut donc le graduer par comparaison avec un thermomètre étalon à hydrogène, en plaçant les deux appareils dans une même enceinte dont on fait varier peu à peu la température. On peut, bien entendu, une fois un thermomètre à mercure ainsi étalonné, s'en servir pour graduer, par comparaison, d'autres thermomètres à mercure.

Dans la pratique, pour des questions de commodité, les thermomètres livrés par le commerce ne portent souvent pas toute l'échelle : ainsi les thermomètres d'usage médical vont d'environ 32° ou 33° à 42°-43°, cela permet d'en raccourcir la tige tout en donnant à chaque degré une longueur suffisante pour être subdivisé en dixièmes et de les manier plus facilement. Il importe de vérifier de temps en temps si la graduation est restée bonne. L'expérience prouve en effet qu'avec le temps il se produit un déplacement de l'échelle dû à un léger changement de volume du réservoir. Pour faire cette vérification il faut pouvoir lire le zéro; aussi un bon thermomètre médical doit-il toujours être muni sur sa tige de l'indication du zéro avec une petite graduation de part et d'autre de ce zéro. Cela est obtenu sans allongement du capillaire, en faisant sur ce capillaire une petite ampoule où le mercure se dilatera entre le zéro et le degré inférieur de l'échelle. Le thermomètre étant alors plongé dans la glace fondante, on lit l'erreur de zéro et on tient compte de cette erreur dans toutes les températures lues ultérieurement.

Remarquons que la graduation de nos thermomètres est absolument arbitraire, aussi bien pour le choix des points fixes que pour le nombre des divisions comprises entre ces points. En particulier, quand on dit que la température est de 0°, cela ne correspond à rien de réel, c'est une pure convention comme celle qui consiste à mesurer les altitudes au-dessus d'un certain niveau moyen de la mer.

Nous verrons intervenir plus tard un certain zéro dit absolu qui joue un rôle considérable en thermodynamique et se trouve situé à 273° centigrades au-dessous du point de la glace fondante. Avec cette notion de zéro absolu, chaque température centigrade doit être majorée de 273° pour avoir sa valeur dans l'échelle absolue. Ainsi la glace fondante est à 273°, l'eau bouillante à 373°, le phosphore fond à $44° + 273° = 317°$, le soufre à $113° + 273° = 386°$, et ainsi de suite.

Autour de l'invention du thermomètre et de ses perfectionnements successifs se groupent les divers problèmes relatifs à l'influence de la température. C'est en premier lieu la variation de volume des corps, observée tout d'abord pour les liquides et les gaz, puis pour les solides par les Académiciens de Florence. L'importance de cette dilatation varie suivant les corps ; il n'y a pas lieu ici de s'appesantir sur ces faits, qui n'auraient aucune application dans ce qui suit.

La constance de la température pendant la fusion des corps et leur solidification, constatée d'abord pour l'eau et généralisée seulement plus tard, puis la fixité du point d'ébullition constituèrent des observations très importantes.

Boyle montra vers 1650 ou 1660 que le point d'ébullition variait avec la pression exercée à la surface du liquide et il en déduisit que les expériences faites dans les régions supérieures de l'atmosphère donneraient des résultats complètement différents de ceux que l'on observe à la surface du sol. Farenheit fit remarquer l'importance de ce fait pour la graduation du thermomètre, et en conclut que la détermination du point fixe supérieur devait toujours se faire pour une même hauteur du baromètre qu'il choisit de 28 pouces (un peu moins de 760 millimètres). Les physiciens de cette époque ne saisissaient pas la relation qu'il y avait entre la pression et l'ébullition. Aujourd'hui nous savons que tout liquide émet une vapeur, la tension de cette vapeur va en augmentant avec la température : s'il arrive que cette tension atteigne la pression exercée par l'atmosphère à la surface du liquide, ce dernier se met à bouillir. A partir de ce moment la température ne peut plus monter pour des raisons qui seront exposées plus loin.

Mais un problème gros de conséquences préoccupa bientôt les savants, ce fut de savoir quelle était la température prise par un mélange de corps à température primitivement différente. Boerhave croyait qu'en mélangeant divers corps on avait toujours la température moyenne, ce qui est faux. Richmann opéra rationnellement de la façon la plus simple en examinant le cas du mélange de deux masses d'un même corps à des températures différentes, par exemple de deux masses d'eau. Il arriva ainsi à cette conclusion exacte que, dans ces conditions, le calorique se répandant également dans la masse totale, on peut, en tenant compte de la masse des corps et de leur température, calculer la température finale par une simple opération arithmétique.

Black se demanda ensuite ce qui se passait quand on n'opérait plus sur deux corps identiques, et que l'on mélangeait par exemple de l'eau et de l'huile. Il vit que la règle de Richmann ne s'appliquait plus. En mêlant une livre d'huile de baleine à 60° à une livre d'eau à 0°, la température du mélange fut de 20° au lieu de 30°. Il en résulte que la quantité de chaleur qui fait varier la température d'une livre d'eau de 20° fait varier celle d'une livre d'huile de 40°, ou bien qu'il faut deux fois moins de chaleur pour faire varier d'une même température un poids donné d'huile de baleine qu'un même poids d'eau.

Crawford, complétant ces expériences et les étendant à des mélanges en poids égaux de divers corps, vit que chacun d'eux avait besoin, pour varier d'une même température, d'une quantité de chaleur différente, ce qu'il exprima en disant que chaque corps a une certaine *capacité pour la chaleur*. La méthode mise en usage par Black et par Crawford a été préfectionnée par Rumford et, après quelques perfectionnements de détail, est encore employée aujourd'hui pour les études de ce genre. Elle porte le nom de méthode des mélanges.

Cependant, vers 1772, un physicien suédois, Wilcke, voulant appliquer la règle de Richmann à des mélanges de glace et d'eau, s'était aperçu qu'elle était en défaut, et, répétant l'expérience avec de la glace et divers corps, avait vu, lui aussi, que chaque corps sous le même poids, pour descendre d'une même température, faisait fondre des quantités différentes de glace. Il en résultait que, pour faire varier d'une même valeur la température de divers corps, il fallait faire entrer en jeu des quantités de chaleur différentes. Wilcke exprima cela en disant que chaque espèce de corps avait une *chaleur spécifique* déterminé. Le mot est resté en usage encore aujourd'hui, et la méthode de mesure de Wilcke donna naissance au procédé employé par Lavoisier et Laplace dans leurs recherches. Cette méthode n'est plus employée, sauf dans des cas très particuliers.

Depuis cette époque on a fait un grand nombre d'expériences sur la chaleur spécifique des corps et on en a déterminé la valeur pour la plupart d'entre eux.

Ce genre d'expériences nécessite le choix d'unités et de méthodes.

Pour ce qui est de l'unité, on aurait pu faire comme Wilcke et rechercher le poids de glace à 0° que 1 kilogramme des divers corps est capable de faire fondre pour une même baisse de température. Ceci avait nombre d'inconvénients. Il faut beaucoup de chaleur pour faire fondre de la glace, par conséquent la plupart des corps en se refroidissant au contact de la glace n'en font fondre que fort peu, et il en résulte une grande incertitude dans les résultats.

Il parut préférable de s'adresser à l'eau distillée en disant : On aura fourni une unité de chaleur à un kilogramme d'eau distillée quand sa température sera montée de 0° à 1°. Cette unité a été désignée sous le nom de *Calorie*. Quand on aura élevé de 0° à 1°, 2, 3, 4, etc., kilogrammes d'eau on dira que l'on a fourni 2, 3, 4, etc., calories.

Or l'expérience prouve que si l'on reste au-dessous de 50° environ, élever de 0° à 1°, 1, 2, 3, 4, etc., kilogrammes d'eau revient au même que d'élever 1 kilogramme de 1, 2, 3, 4, etc., degrés. On peut donc, quand on connaît un poids quelconque d'eau et son élévation de température, en déduire immédiatement le nombre de calories exigées par cette opération. Ce nombre est égal au poids d'eau exprimé en kilogrammes multiplié par l'élévation de température exprimée en degrés centigrades.

Souvent, lorsque les quantités de chaleur à évaluer sont petites, on remplace le kilogramme par le gramme d'eau, on a alors une unité mille fois plus petite que la calorie et on la désigne sous le nom de *petite calorie*.

Quand on voudra mesurer la chaleur spécifique d'un corps, on le pèsera, puis on le chauffera à une température connue et on le plongera dans un poids connu d'eau contenant un thermomètre. Une fois l'équilibre de température obtenu on saura par la méthode que nous venons d'indiquer combien l'eau a gagné de calories et par conséquent combien le corps en a perdu. De cette perte il sera aisé de déduire combien de calories 1 kilogramme du corps perdrait pour varier de 1°, ce nombre de calories est la chaleur spécifique du corps, c'est lui que l'on trouve dans les Tables.

Je n'insiste pas sur les multiples précautions et détails opératoires mis en œuvre dans ce genre de recherches, le principe nous suffit.

Mais un phénomène vient immédiatement troubler les observations faites sur les mélanges de corps à températures différentes, si l'un d'eux change d'état pendant l'opération, c'est-à-dire cesse de rester solide, liquide ou gazeux.

Déjà les Académiciens de Florence dans leurs expériences sur le thermomètre, cherchant à combattre le froid par le chaud, avaient constaté avec stupéfaction qu'un thermomètre plongé dans la glace n'accusait aucune élévation de température quand on versait dans le récipient de l'eau bouillante, aussi longtemps qu'il restait de la glace solide. Ils ne purent s'expliquer ce résultat étrange.

Nous savons que pendant longtemps on utilisa la fusion de la glace et l'ébullition de l'eau pour déterminer les points fixes du thermomètre, sans comprendre les raisons de cette fixité. Black le premier rechercha méthodiquement la cause de ce phénomène singulier.

Plaçant dans un récipient un certain poids d'eau, dans un autre semblable le même poids de glace et chauffant également les deux récipients, il vit qu'il fallait 4 fois plus de temps pour élever de 7° Farenheit le récipient à glace que le récipient à eau.

Il considéra qu'il y avait *recel de chaleur*, mais sous cette forme l'expérience était trop compliquée et Black la modifia en faisant fondre de la glace dans de l'eau chaude et observant la température finale. Il vit qu'il fallait, à poids égaux, de l'eau à 176° Farenheit pour fondre la glace, le mélange étant finalement au point de la glace fondante. Cela correspondrait à 80° du Celsius, ce qui est remarquable; les expériences de Black étaient très bonnes. La chaleur qui disparaît ainsi dans la fusion de la glace sans être indiquée par le thermomètre reçut de Black le nom de *chaleur latente*.

Black fit le même genre d'expériences pour la vaporisation de l'eau. Dans les deux cas il considérait que la chaleur entrait en combinaison avec la glace ou l'eau pour lui faire prendre un nouvel état. Diverses hypothèses furent émises sur la cause de la chaleur latente. Laplace le premier trouva une explication qui se rapproche de ce que nous admettons aujourd'hui.

Quoi qu'il en soit, il fut acquis depuis Black qu'un corps solide absorbe, pour passer à l'état liquide, une certaine quantité de chaleur, sans qu'il y ait de variation de température, et que cette chaleur est intégralement restituée dans le passage inverse de l'état liquide à l'état solide. Il peut arriver, il arrive même souvent, que le passage d'un état à l'autre ne se fasse pas brusquement comme pour l'eau, mais qu'il y ait un intermédiaire pâteux. Dans ce cas il y a encore disparition d'une certaine quantité de chaleur, mais au lieu de se faire en un point précis, sans variation de température, elle se produit graduellement pendant tout un stade durant lequel il y a un ralentissement plus ou moins prononcé dans l'élévation de température.

Nous rencontrons des phénomènes analogues lors du passage à l'état gazeux. Ici aussi il y a absorption de chaleur et restitution lors de la condensation de la vapeur en liquide.

Pour certains corps enfin il y a passage direct de l'état solide à l'état gazeux sans le stade liquide intermédiaire. Ce phénomène, connu sous le nom de *sublimation*, se rencontre pour l'iode par exemple, et d'après ce qui précède on peut prévoir les manifestations calorifiques accompagnant cette opération.

La chaleur latente de fusion d'un solide, la chaleur latente de vaporisation d'un liquide sont représentées par le nombre de calories à fournir à 1 kilogramme de corps pour opérer cette transformation sans variation de température.

Il n'y a pas lieu d'insister ici sur les procédés qui permettent de faire ces déterminations, mais il faut tout au moins connaître les résultats relatifs à l'eau, car ils ont une grande importance, comme on le verra dans la suite.

Un kilogramme de glace à 0° exige 79,4 calories environ pour se transformer en eau à 0°.

Un kilogramme d'eau à T° pour se transformer en vapeur à T° absorbe $606,5 - 0,695$ T° calories.

La chaleur spécifique des tissus vivants est mal connue; elle paraît être voisine de 0,8, c'est-à-dire qu'il faut 0,8 calories pour faire varier de 1° un kilogramme de tissu vivant. Pour le sang on a les déterminations plus précises de Berthelot. Si, dans 1 kilogramme de sang, il y a p grammes d'eau et p' grammes de matières fixes, la chaleur spécifique en petites calories est $p + 0,4\,p'$. Ainsi pour un sang contenant par kilogramme 790 gr. d'eau et 210 de substances fixes, la chaleur spécifique est $790 + 0,4 \times 210 = 874$ petites calories ou 0,874 grandes calories.

Jusqu'ici on a admis que la chaleur pouvait passer d'un corps à un autre sans spécifier la manière dont se fait ce passage. Il y a lieu cependant de considérer d'un peu plus près ce phénomène, qui peut se faire par trois procédés différents : la *conduction*, la *convection* et le *rayonnement*. Si l'on tient une tige rigide à la main et qu'on en chauffe une extrémité, l'expérience de tous les jours montre que, pour certains corps, cette opération peut se continuer fort longtemps, pour le verre par exemple, tandis que, pour d'autres, comme le cuivre, rapidement la chaleur s'est propagée jusqu'à la main et, sous peine de se brûler, il faut lâcher la tige. Le cuivre est bon conducteur de la chaleur, le verre ne l'est pas. Bien entendu il n'y a là rien d'absolu et l'on peut ranger les corps suivant un certain ordre, chacun d'eux étant moins conducteur que le précédent sur la liste et plus conducteur que le suivant. Newton le premier fit des essais de classification de ce genre; aujourd'hui, par des méthodes plus parfaites que les siennes, on a pu dresser des tables donnant la conductibilité des corps les plus répandus; il n'y a pas lieu d'insister sur ce point.

La quantité de chaleur qui se propage à travers un même corps, allant des parties les plus chaudes vers les parties les plus froides, ne dépend pas seulement du corps, mais aussi de la différence de température entre ses diverses régions. Ainsi prenons une tige de métal, maintenons une extrémité à 0°, et portons l'autre successivement à 10°, 20°, 30°, etc. A mesure que la température de cette extrémité s'élèvera il passera à travers la barre de plus en plus de chaleur allant de la source chaude vers la source froide, et cela uniquement par conductibilité ou conduction.

Si, au lieu d'opérer sur un solide, on veut porter à des températures différentes deux régions d'un fluide, liquide ou gaz, un nouveau mode de propagation de la chaleur interviendra. Les particules liquides ou gazeuses s'échaufferont à la source à température la plus élevée, puis, comme par essence même elles sont extrêmement mobiles, elles iront voyager jusqu'à la source froide où elles perdent leur chaleur pour recommencer ensuite le même parcours. La chaleur sera ainsi transportée par la matière en mouvement, c'est ce qu'on nomme la convection, par opposition à la conduction où la chaleur se transmet de proche en proche, à travers la matière immobile, les diverses particules chauffées transmettant la chaleur à leurs voisines plus froides. La convection joue un rôle extrêmement important dans les échanges de chaleur entre les corps placés dans l'atmosphère ou dans l'eau.

Enfin un corps chaud rayonne de la chaleur vers les corps plus froids placés aux environs, comme un corps lumineux rayonne de la lumière. Ce mode de transmission se fait donc, en apparence du moins, à distance, en tout cas il s'effectue à travers le vide et n'emploie pas, par conséquent, le véhicule de la matière pondérable. C'est par ce procédé que nous arrive la chaleur solaire, grâce à laquelle nous le verrons, la vie est entretenue à la surface de la terre.

La quantité de chaleur qu'un corps peut émettre par rayonnement lorsqu'il est à température plus élevée que le milieu où il se trouve dépend de son excès de température sur ce milieu. C'est Newton qui a formulé cette règle d'après laquelle la perte non seulement croît avec cet excès, mais croît proportionnellement à lui.

Un autre facteur intervient encore dans le rayonnement, on le nomme le pouvoir émissif du corps. Le pouvoir émissif dépend essentiellement de la nature de la surface du corps. Une surface de métal bien poli a un faible pouvoir émissif, cette même surface recouverte de noir de fumée prendra un grand pouvoir émissif. Si nous prenons une boule de métal creuse bien polie extérieurement et que nous la remplissions d'eau chaude, la chaleur se perdra lentement par rayonnement dans l'atmosphère ambiant. Si nous venons à la recouvrir de noir de fumée, aussitôt la déperdition augmentera. L'inverse est vrai aussi. Si la boule en métal poli contient de la glace, elle prendra lentement la chaleur au milieu ambiant, par rayonnement; la glace fondra beaucoup plus vite si l'on enfume la boule. Le pouvoir absorbant varie sensiblement de la même façon que le pouvoir émissif.

Si l'on envoie de la chaleur rayonnante sur une surface polie il y en a peu d'absorbée et beaucoup de réfléchie, ce sera l'inverse pour le noir de fumée.

Ces notions générales sur les propriétés de la chaleur et sa manière de se propager nous suffiront pour n'avoir pas, dans la suite, à revenir sur ces connaissances élémentaires mais indispensables.

LA FORCE ET LE MOUVEMENT QU'ELLE IMPRIME AUX CORPS

L'inertie de la matière est un des principes fondamentaux de la dynamique.

Képler a le premier, à notre connaissance, formulé cette loi que les corps au repos ne peuvent par eux-mêmes se donner du mouvement ou qu'ils sont inertes. C'est là une vérité que nous saisissons facilement aujourd'hui sous cette forme simple, elle résulte de l'observation des faits journaliers et constitue la première partie de ce qu'on appelle la loi d'inertie. La seconde partie qui complète cette loi et qui renferme du reste la première, est due à Newton, elle peut s'énoncer ainsi : « Un corps conserve sa vitesse, indéfiniment, sans altération, aussi bien en direction qu'en grandeur, si aucune influence extérieure ne s'exerce sur lui. C'est-à-dire que ce corps continuera à se mouvoir toujours en ligne droite avec la même vitesse. » Il est extrêmement difficile et même impossible de vérifier expérimentalement et directement cette assertion, car parmi les corps qui sont à notre disposition, dont nous pouvons facilement étudier le mouvement, aucun n'est soustrait à toute influence étrangère. Nous pouvons constater, à mesure que nous diminuons ces actions étrangères sur un corps, que sa vitesse se conserve de plus en plus longtemps, mais nous ne pouvons jamais éliminer tout frottement, toute résistance, ne serait-ce que celle de l'air. Nous considérons cependant le principe comme rigoureusement vrai, car toutes les conséquences qui en ont été déduites, en l'admettant comme mathématiquement exact, se sont trouvées vérifiées. En particulier les observations astronomiques qui se font avec une si grande précision ne dénotent aucune altération résultant soit d'une *usure de la vitesse*, soit d'un accroissement en dehors des causes extérieures dont nous savons évaluer les effets.

Toutes les fois donc où l'on voit un corps au repos se mettre en mouvement, ou bien où un corps animé d'une certaine vitesse est troublé dans cette vitesse, il y a une cause extérieure au corps qui est entrée en jeu. On dit alors que cette perturbation de la vitesse est due à l'action d'une *force*.

Il n'y a pas lieu d'entrer ici dans des considérations étendues sur la nature de la force ou des forces qui peuvent agir sur les corps. On ne connaît l'existence de la force agissante que par ses manifestations, par exemple par la mise en mouvement d'un corps partant du repos ou par les changements qu'elle apporte dans la vitesse d'un corps. Naturellement le temps intervient dans la vitesse qu'une force imprime à un corps. Si, au bout d'une seconde, pour fixer les idées, le corps partant du repos a pris sous l'action de la force une certaine vitesse, la force continuant à agir sur ce corps aura produit au bout d'une nouvelle seconde la même vitesse qui s'ajoutera à la première, et ainsi de suite. C'est-à-dire que le temps s'écoulant, l'effet produit par la force dans une seconde sera toujours le même et s'ajoutera à ce qui a déjà été produit antérieurement. C'est là aussi un principe fondamental de la mécanique, dit principe de la superposition des effets des forces. Il ne peut non plus se vérifier directement et n'est admis comme rigoureusement vrai que parce que toutes les conséquences qui en ont été déduites ont été reconnues exactes.

Pour étudier les forces il faut pouvoir les évaluer. On admettra, par définition, que les forces agissantes sont proportionnelles aux vitesses qu'elles impriment dans un même temps à un même corps.

Je dis à un même corps, car l'observation la plus superficielle nous montre que sous une même action les divers corps ne se déplacent pas aussi facilement les uns que les autres. Prenons deux boules de plomb, une petite, une autre notablement plus grande, et plaçons-les sur un plan horizontal parfaitement lisse. Pour faire rouler ces deux boules, il faudra un plus grand effort musculaire pour la grosse que pour la petite, le frottement à vaincre sera cependant minime; ce n'est pas de lui que vient la différence de résistance; nous nous rendons bien compte de l'intervention d'une autre cause variant d'une boule à l'autre. Les deux boules n'ont pas ce que l'on appelle la même *masse*, la grosse a une plus grande masse que la petite. Lorsque les deux boules prendront dans le même temps le même mouvement, il aura fallu faire agir des forces différentes, et nous dirons, par définition, que dans ce cas les masses des deux boules sont proportionnelles aux forces.

Ainsi les corps se différencient par leur masse, au point de vue de la facilité avec laquelle ils peuvent être mis en mouvement. Par *définition* cette masse est proportionnelle aux forces nécessaires pour leur imprimer la même vitesse dans le même temps. Si un corps prend une vitesse de un mètre par seconde sous l'action d'une force agissant pendant une seconde, quand il faudra une force dix fois plus grande pour donner cette même vitesse en une seconde à un autre corps, on dira que ce corps a une masse dix fois plus grande que le premier.

Les physiciens ont montré que tous les corps tombant

en chute libre sous l'action de l'attraction terrestre prennent le même mouvement, en particulier la même vitesse au bout du même temps, quand ils partent du repos. De ce qui vient d'être dit il résulte que les masses des corps sont proportionnelles à la force d'attraction exercée sur eux par la terre. Deux corps qui subissent la même attraction de la part de la terre ont donc la même masse. La balance qui permet de vérifier que deux corps sont également attirés par la terre, permet de constater ainsi qu'ils ont même masse; et si l'on a choisi la masse d'un certain corps comme unité on pourra par comparaison à l'aide de la balance évaluer la masse d'un corps quelconque. L'unité de masse adoptée en France est celle du centimètre cube d'eau distillée et cette unité porte le nom de *gramme*.

La balance qui nous permet de mesurer la masse des corps en fonction de l'unité choisie nous permet aussi de mesurer des forces. Supposons, par exemple, que nous prenions comme unité de force celle qui résulte, dans des conditions déterminées de latitude, altitude, etc., de l'attraction terrestre sur un centimètre cube d'eau. Comment pourrons-nous empêcher ce centimètre cube d'eau de tomber lorsqu'il est abandonné à lui-même? Uniquement en lui appliquant, pour équilibrer la force due à l'attraction terrestre, une force égale et de sens contraire. Cette force équilibrante est donc mesurée par celle qui résulte de l'attraction terrestre, et quand une force inconnue maintient en équilibre, 1, 2, 3, etc., centimètres cubes d'eau ou masses équivalentes, cette force aura 1, 2, 3, etc., unités.

On peut, pour l'opération d'équilibre dont il est question, soit agir directement sur un poids, soit se servir de l'intermédiaire de la balance, soit encore faire usage d'un dynamomètre. Un dynamomètre consiste essentiellement en un ressort sur lequel on fait agir la force à étudier. Ce ressort se déforme et l'on cherche par comparaison avec des poids connus quel est celui qui produit la même déformation. Ou mieux, on accroche préalablement au dynanomètre la série des poids connus, et l'on trace une échelle graduée. Il suffira dans la suite d'appliquer au dynanomètre la force que l'on veut étudier et de lire sur l'échelle à quel nombre de grammes elle correspond. Je n'insiste pas davantage sur ces faits connus, pas plus que sur les subdivisions ou multiples du gramme.

Ici je voudrais attirer l'attention sur un point. On vient de voir dans un cas particulier qu'un corps soumis à l'action d'une force, l'attraction terrestre par exemple, ne prend pas, par cela même et forcément, de la vitesse, une autre force de sens contraire pouvant annuler l'effet de la première. Il y a là un fait général, il faut toujours, pour savoir ce qui se passe, considérer l'ensemble des forces agissantes. Ces forces peuvent ajouter leurs effets, les retrancher ou les combiner suivant des conditions variées, réglées par ce que l'on nomme la loi de composition des forces décrite dans les traités élémentaires, et basée sur le principe de la superposition des effets dont il a déjà été question. Dans le cas où la vitesse n'est pas modifiée sous l'action des diverses forces, que le corps soit au repos ou en mouvement, il y a équilibre entre les forces, chacune d'elles est égale et directement opposée à la résultante de toutes les autres.

Nous arrivons maintenant à un problème très important, dont la solution a pendant de longues années provoqué les méditations des philosophes et les controverses des mathématiciens.

Une force, qu'elle soit réellement unique ou qu'elle représente une résultante de diverses forces composantes, agit sur un corps et lui communique une certaine vitesse au bout d'un temps donné; que s'est-il passé? Comment l'effet de la force se retrouve-t-il dans le corps en mouvement? Peut-on, connaissant la force, en déduire le mouvement du corps? Dans quelles conditions le corps peut-il perdre le mouvement acquis pour revenir à l'état primitif?

La solution de ce problème nous est donnée pour la première fois par Descartes. Considérons un corps partant du repos et prenant sous l'action d'une force une vitesse uniformément croissante, soit v cette vitesse au bout du temps t. Dans l'unité de temps la vitesse acquise par le corps sous l'action de la force est égale à toute la vitesse gagnée divisée par le temps t, soit $\frac{v}{t}$. Or nous savons d'après ce qui a été dit plus haut que, par définition, la force est proportionnelle à cette vitesse prise par le corps dans l'unité de temps et à la masse du corps; nous aurons donc $f = A . \frac{v}{t} . m$. A étant un coefficient constant. En choisissant convenablement les unités de mesure[1], on sait que l'on peut faire disparaitre un coefficient tel que A, il reste donc $f = \frac{mv}{t}$ ou $ft = mv$. C'est la formule de Descartes. ft a pris en mécanique le nom d'*impulsion de la force*, mv celui de quantité d'action en mouvement, ou, par abréviation, de *quantité de mouvement*.

Si pendant un certain temps t_0 le corps partant du repos a acquis une vitesse v_0 on a $ft_0 = mv_0$. Si maintenant l'action se continue, au bout du temps t on aura obtenu $ft = mv$. En retranchant ces deux formules l'une de l'autre, il vient $ft - ft_0 = mv - mv_0$ ou bien $f(t - t_0) = m(v - v_0)$.

Elle s'exprime en langage ordinaire en disant que la variation de quantité de mouvement est égale à l'impulsion reçue pendant l'opération. Elle permet, connaissant la force agissante f, la durée de son action $(t - t_0)$, la

---

1. G. Weiss, *Précis de Physique biologique*, p. 3. Masson, Paris. 1905.

masse du corps m, de calculer la variation de vitesse $(v - v_o)$ ou de résoudre un quelconque des problèmes où l'on donne trois des quatre quantités qui entrent dans la formule et où l'on demande de déterminer la quatrième.

Voici donc une force f qui agit sur un corps de masse m déjà en mouvement depuis le temps t_o. Je suppose que la force agisse dans le sens de la vitesse du corps, nous dirons qu'elle est positive, le résultat sera, après qu'il se sera écoulé un nouveau temps $(t - t_o)$, un accroissement de vitesse $(v - v_o)$; v est plus grand que v_o. Mais supposons que la force agisse en sens contraire, f aura la même valeur absolue que précédemment, elle sera négative, il y aura une diminution de la vitesse, au bout du temps $t - t_o$, $v - v_o$ aura repris la même valeur absolue que précédemment mais sera négatif, c'est-à-dire que v sera plus petit que v_o. La vitesse aura diminué d'une quantité égale à l'augmentation qu'elle avait subie lors de l'action directe de la force, la quantité de mouvement du corps aura diminué. Dans le premier cas la force motrice aura imprimé un certain accroissement de quantité de mouvement au corps, cette quantité de mouvement finale reste emmagasinée dans le corps tant qu'aucune action extérieure n'entre en jeu; mais s'il se présente une force résistante, la quantité de mouvement pourra être restituée intégralement, l'impulsion de la force résistante étant égale à l'impulsion de la force motrice primitive.

Si l'un quelconque des facteurs entrant dans la formule de Descartes vient à varier, l'un au moins des autres facteurs variera. Si, par exemple, la force augmente, il faudra moins de temps pour avoir la même impulsion et la même variation dans la quantité de mouvement. Sinon, avec un même temps, on aura une variation plus grande dans cette quantité de mouvement, soit que l'on agisse sur une masse plus grande, soit que l'on ait obtenu un accroissement de vitesse plus considérable.

La formule de Descartes est la base de la dynamique, c'est elle qui relie le mouvement des corps aux forces agissantes, quelles que soient ces forces. Il ne faudrait pas croire cependant qu'elle fut adoptée sans contestation par les mécaniciens et les philosophes. Leibnitz proposa une autre relation entre l'action des forces et la vitesse des corps en mouvement, et voici son raisonnement. Considérons une force f agissant sur un corps de masse m et lui faisant parcourir un espace l, la vitesse étant v à la fin de l'opération. La force, nous le savons, est proportionnelle au produit de masse du corps par la vitesse qu'il a prise, nous avons donc $f = \mathrm{A}\,mv$. Le corps a parcouru un espace l, cet espace est proportionnel à la vitesse moyenne du corps, vitesse qui est o au commencement et v à la fin, c'est-à-dire à $\dfrac{v}{2}$. Par conséquent le produit de la force par l'espace parcouru est proportionnel lui-même à $\mathrm{A}\,mv\dfrac{v}{2}$. C'est-à-dire, en choisissant des unités convenables pour faire disparaître A, $fl = mv.\dfrac{v}{2} = \dfrac{1}{2}mv^2$. Telle est la formule proposée par Leibnitz. fl est ce que l'on nomme le *travail de la force*, c'est le produit de la force par le chemin parcouru. $\dfrac{1}{2}mv^2$ est la *force vive*. Au bout d'un certain temps, l'espace parcouru étant l_0, la vitesse finale étant v_0, on a $fl_0 = \dfrac{1}{2}mv_0^2$. Si on continue jusqu'à ce que l'espace soit l et la vitesse v, on aura $fl = \dfrac{1}{2}mv^2$ et par soustraction $fl - fl_0 = \dfrac{1}{2}mv^2 - \dfrac{1}{2}mv_0^2$ ou bien $f(l - l_0) = \dfrac{1}{2}m(v^2 - v_0^2)$.

Ce qui s'exprime en disant que la variation de force

vive du corps est égale au travail dépensé pendant l'opération. Si l'on donne le travail dépensé $f(l-l_0)$ on peut en déduire la variation de force vive du corps, et par suite la vitesse à la fin de l'opération si l'on connaît la vitesse au début et la masse. De même, comme il a été montré pour la formule de Descartes, on peut retourner le problème. Si la force au lieu d'agir dans le sens du mouvement exerce son action en sens contraire de la vitesse du corps, cette vitesse se ralentira peu à peu, le corps rend le travail qu'il a emmagasiné, le travail rendu par lui étant toujours égal à la force vive perdue.

Nous voici donc en présence de deux relations entre l'action des forces et leurs effets, elles suscitèrent bien des discussions sur leur valeur. On a, à un moment, cherché à les opposer l'une à l'autre. Il n'y a cependant pas lieu de le faire, toutes deux sont bonnes, elles ne sont pas établies dans les mêmes conditions et rendent chacune service suivant la façon dont se pose un problème. Et ceci est facile à comprendre. Quand un travailleur veut évaluer l'importance de ce qu'il a produit il peut prendre pour base de son évaluation soit le temps qu'il a employé, soit un autre élément de sa tâche. Par exemple un manœuvre dira qu'il a pompé un mètre cube d'eau au second étage, un autre dira qu'il a pompé de l'eau pendant une heure. De même on peut évaluer l'action d'une force en tenant compte du temps pendant lequel elle agit, c'est ce qu'a fait Descartes ; ou bien en tenant compte du déplacement qu'elle a produit, c'est ce qu'a fait Leibniz. Une des méthodes n'est pas fausse et l'autre exacte, elles expriment le même phénomène d'une façon différente, et suivant les cas on pourra recourir avec plus d'avantage à l'une ou à l'autre des deux méthodes. Mais que l'on emploie la première ou la seconde, que l'on envisage le temps pendant lequel une force a agi pour déplacer un corps en lui communiquant

une certaine vitesse ou que l'on considère l'espace parcouru
pendant l'action de la force, le problème est traité correctement et les résultats auxquels on arrive sont exacts. Dans
l'un ou l'autre cas on est renseigné sur ce qui s'est passé.

Si on pousse un wagon pendant un certain temps on
lui communique une certaine impulsion mesurée par le
produit de la force et de la durée de son action ; il prend
une quantité de mouvement équivalente à l'impulsion. On
ne peut savoir *a priori* quelle sera sa vitesse, elle dépend
de la masse en mouvement. Pour la même impulsion quand
la masse varie la vitesse varie en sens inverse. C'est-à-dire,
par exemple, que si la masse du wagon double, triple,
sa vitesse à la fin de l'opération sera, pour la même
impulsion, la moitié ou le tiers.

Quand on voudra arrêter le wagon on agira sur lui en
sens inverse du mouvement et il faudra prolonger l'action
d'autant plus que la force agissante sera plus réduite, il
suffira toujours que l'impulsion totale de la force résistante soit équivalente à la quantité de mouvement à
annuler et par suite à l'impulsion motrice.

On aurait pu traiter le problème autrement et dire que
pendant que la force a agi, le wagon s'étant déplacé,
cette force a exercé un certain travail mesuré par le
produit de la force par le chemin parcouru. Nous
retrouvons l'équivalence de ce travail dans le mouvement
du wagon et, suivant la formule de Leibnitz, il nous faudra
multiplier sa masse par le carré de la vitesse et prendre
la moitié du produit. Toujours pour un même travail
dépensé nous devons retrouver la même force vive dans
le wagon et lorsque nous arrêterons ce wagon il nous
rendra intégralement le travail ainsi emmagasiné sous
forme de force vive. Il faudra pour cela lui opposer une
certaine force pendant un certain trajet, force d'autant
plus grande que l'on veut arrêter le wagon sur un espace
parcouru plus court.

J'insiste encore ici sur un point très important. Pendant que la force met le wagon en marche, nous pouvons évaluer son action soit par l'impulsion de la force, soit par le travail de cette force, mais ce ne sont que des manières différentes de considérer ce qui se passe, il n'y a pas là deux phénomèmes physiques différents. Finalement le wagon a acquis une certaine vitesse, et suivant les cas nous aurons intérêt à évaluer la valeur de cette masse en mouvement soit par sa force vive, soit par sa quantité de mouvement, mais ses propriétés physiques ne seront pas changées par la manière différente d'envisager le problème. Une masse m, ayant une vitesse v, possède une quantité de mouvement et une force vive déterminées, la formule de Descartes nous permet de relier cette masse et cette vitesse à la force et à la durée de son action, la formule de Leibnitz permet de les relier à la force et au chemin parcouru pendant l'action de la force, que ce soit lors de la mise en mouvement par une force motrice, ou lors du ralentissement par une force résistante. Il faut bien comprendre cela, ne pas en faire deux phénomènes différents, mais deux manières différentes de traiter le même problème, suivant les données que l'on possède et suivant le résultat qu'il semblera plus intéressant d'atteindre. Ajoutons, simplement pour mémoire, que dans certains problèmes des conditions de difficultés mathématiques imposent parfois l'usage de l'une ou de l'autre de ces formules, c'est une question qu'il n'y a pas lieu de traiter ici.

Mais voici encore une remarque très importante. Il ne peut évidemment y avoir d'une façon générale de relation de formule entre l'impulsion d'une force et le travail, puisque la première dépend du temps et le second de l'espace parcouru. Ainsi on aura beau dire qu'une force de 3 kilogrammes a agi pendant 18 secondes, on saura que l'impulsion de cette force est 18×3 unités d'impulsion, si les unités choisies sont le kilogramme et la seconde, mais quant à en déduire le travail produit, cela est impossible, puisqu'il dépend du chemin parcouru par le corps. De même si l'on disait que la force de 3 kilogrammes a agi pendant que le corps a parcouru 6 mètres, le travail serait 3×6 kilogrammètres, mais l'impulsion serait inconnue. Dans le premier cas la formule de Descartes s'imposerait, dans le second celle de Leibnitz. Pour avoir le choix il faudrait que les données du problème soient posées en disant : une force de 3 kilogrammes agissant pendant $18''$ a fait parcourir au corps un espace de 6 mètres.

On ne peut donc, connaissant l'impulsion d'une force, en déduire directement le travail et inversement.

Si l'on connaît la masse d'un corps et sa vitesse on peut à volonté calculer sa quantité de mouvement ou sa force vive, mais on ne peut déduire directement la force vive de la quantité de mouvement ou inversement. Cela se conçoit aisément par un exemple. Soit un corps ayant 4 unités de masse et une vitesse de 8 mètres, sa quantité de mouvement sera $4 \times 8 = 32$, sa force vive sera $\frac{1}{2} . 4 . 8^2 = 128$, mais tout corps ayant la même quantité de mouvement n'aura pas la même force vive. En effet un corps de masse 2 et de vitesse 16 aura de nouveau $2 \times 16 = 32$ comme quantité de mouvement, mais il aura comme force vive $\frac{1}{2} . 2 . 16^2 = 256$. Il ne suffit donc pas de donner la quantité de mouvement d'un corps pour avoir sa force vive ou inversement. Pour connaître entièrement les propriétés d'un corps en mouvement il faut avoir sa masse et sa vitesse, alors on peut calculer à volonté sa quantité de mouvement ou sa force vive.

En résumé retenons ce fait capital, qui trouvera son application dans la suite. Il n'y a, d'une façon générale, aucune relation entre l'impulsion d'une force et le travail qu'elle produit, de même qu'il n'y a aucune relation générale entre la quantité de mouvement et la force vive d'un corps.

Je vais maintenant prendre deux exemples faciles à comprendre après ce qui à été dit et qu'il sera important de bien méditer.

Prenons un corps pesant suspendu au bout d'une ficelle à une certaine hauteur au-dessus du sol. Si la ficelle est fixée à un point immobile le corps pourra rester indéfiniment dans cette position; la force due à l'attraction terrestre donne lieu à une impulsion proportionnelle au temps, mais le corps ne se met pas en mouvement parce que l'effet de cette impulsion est exactement détruit par celle due à la réaction de la ficelle sur le poids. Quant au travail de la force de pesanteur il est nul comme le chemin parcouru. Laissons maintenant la corde se dérouler lentement, en descendant le corps pesant produira du travail que l'on évaluera à chaque instant en multipliant son poids par la hauteur dont il est descendu. Ce travail on pourra l'utiliser d'une manière qui nous importe peu pour le moment, par exemple en enroulant la ficelle sur un treuil qu'elle mettra en rotation. Au bout d'un certain temps, le corps étant descendu d'une hauteur déterminée, ne sera évidemment plus capable de produire autant de travail qu'à partir de sa position initiale, on dit qu'il a perdu une partie de son *énergie potentielle*. Que fera-t-on pour la lui rendre? Il faudra le ramener à sa hauteur primitive et pour cela lui appliquer, en admettant tout frottement nul, une force égale à son poids, qui parcourra en sens inverse le chemin dont il était descendu. Il faudra donc, pour lui rendre son énergie potentielle initiale, dépenser un travail précisément égal à celui que le corps a fourni en descendant. On pourra recommencer cette opération indéfiniment, toujours on verra l'énergie potentielle diminuer en produisant une certaine quantité de travail et exiger, pour reprendre sa valeur, l'intervention d'une force extérieure dépensant cette même quantité de travail. On voit que la durée du phénomène n'intervient pas dans ces transformations et que, par suite, il n'y a aucune relation entre ces productions ou absorptions de travail et les impulsions des forces dues à la pesanteur.

Prenons maintenant un corps complètement libre, coupons la ficelle du cas précédent, le travail de la pesanteur ne sera plus utilisé sur un treuil ou autrement, il n'y aura plus de réaction de la ficelle sur le corps qui, isolé et soumis à la seule action de la pesanteur, prendra une vitesse croissante. Le travail sera encore engendré aux frais de l'énergie potentielle qui ira en diminuant, mais il ne sera transmis à aucun treuil ou appareil extérieur au poids. Lorsque le corps sera tombé d'une certaine hauteur, la formule de Leibnitz nous donnera sa force vive; l'énergie potentielle perdue sera maintenant pour ainsi dire emmagasinée dans le corps en mouvement, on dit qu'elle s'est transformée en *énergie cinétique ou actuelle*. Elle s'y trouve sans perte aucune; si nous voulons arrêter le corps, il faudra lui appliquer une force de sens inverse au mouvement, et, toujours d'après la formule de Leibnitz, l'arrêt se produira quand toute la force vive aura été annulée, c'est-à-dire transformée en travail précisément égal au travail dépensé pendant la descente. Ce travail acquis est précisément celui qu'il faudrait dépenser, nous le savons, pour rendre au corps son énergie potentielle primitive, c'est à nous à imaginer le dispositif convenable pour l'utiliser.

En voici un par exemple. Supposons le corps A tombant suivant la verticale, à mesure que l'énergie potentielle se dépense en travail elle apparaît sous forme de force vive. Au bas de la chute plaçons un ressort R sur lequel tombe le corps A et qui sera armé par lui. Il fléchira jusqu'à ce que toute la force vive de A soit dépensée, c'est-à-dire jusqu'à ce que la force exercée par A sur R, multipliée par le chemin parcouru pendant la flexion, soit égal à la force vive que possédait le corps. A partir de ce moment le ressort tend à revenir à sa position primitive, c'est lui qui communiquera de la force vive à A en l'animant d'une vitesse dirigée de bas en haut, il rend exactement le travail qu'il avait fallu dépenser pour l'armer, c'est là une propriété des corps parfaitement élastiques. Au moment où A quitte le ressort, A a la même force vive qu'au moment où il arrivait au bas de sa chute. Voilà maintenant A qui monte en perdant peu à peu sa vitesse et par suite sa force vive jusqu'à ce que cette force vive soit annulée par le travail résistant de la pesanteur, c'est-à-dire jusqu'à ce que le corps soit remonté en son point primitif, à ce moment il aura repris son énergie potentielle primitive et l'opération peut recommencer indéfiniment.

On peut utilement représenter ce qui se passe sur le tableau suivant.

1° Le corps est en haut de sa chute.	Il possède une certaine énergie potentielle.
2° Il tombe en chute libre.	Les forces de la pesanteur produisent du travail qui engendre la force vive, l'énergie potentielle se transforme en énergie cinétique ou actuelle équivalente (Principe de Leibnitz).
3° Le corps arme le ressort jusqu'à arrêt du corps.	La force vive se transforme en travail équivalent (Leibnitz).
4° Le ressort est armé.	L'énergie potentielle est emmagasinée dans le ressort.
5° Le ressort se désarme et donne au corps une vitesse dirigée de bas en haut et égale à la précédente.	Le travail du ressort se transforme en force vive équivalente (Leibnitz).
6° Le corps monte.	La force vive se transforme en énergie potentielle (Leibnitz).
7° Le corps est revenu en A.	Le corps a repris son énergie potentielle primitive.

Ainsi se passent les choses dans tout système auquel on ne soustrait aucune énergie, il y a sans cesse transformation d'énergie potentielle en énergie cinétique ou actuelle et inversement sans perte aucune. Il n'en n'est plus de même si l'on emprunte une partie de cette énergie pour un travail extérieur au système, comme on le fait dans le premier cas, il y a alors un déficit, et si l'on veut ramener le corps à son état primitif, lui rendre son énergie potentielle, il faut fournir du travail emprunté à une source étrangère.

Cette question ne pourra recevoir tout son développement que lorsque nous aurons étudié d'autres formes de l'énergie que la force vive ou l'énergie potentielle emmagasinée dans un corps pesant placé à une certaine hauteur d'où il peut descendre, sollicité par la pesanteur et produisant ainsi du travail.

On comprendra aussi alors l'insuffisance de la formule de Descartes. Cette formule nous permet, nous le savons, de calculer l'augmentation ou la diminution de la quantité de mouvement d'un corps sous une impulsion donnée, et sa variation de vitesse si on connaît la masse du corps. Mais comme il n'y a aucune relation entre la quantité de mouvement et la force vive, la formule de Descartes ne pouvant nous renseigner sur les variations de force vive ne sera d'aucune utilité pour tous les problèmes dans lesquels cette force vive intervient. Nous verrons que ces problèmes sont nombreux et de la plus haute importance; chaque fois qu'ils se présenteront, c'est à la formule de Leibnitz que nous devrons nous adresser.

TRANSFORMATIONS D'ÉNERGIE
ÉQUIVALENT MÉCANIQUE DE LA CHALEUR

Nous avons vu que dans la mise en mouvement d'un corps, l'action de la force pouvait être évaluée soit par l'impulsion qu'elle donnait au corps, soit par le travail de la force, suivant que l'on prenait en considération le temps pendant lequel la force agissait, ou le chemin parcouru par son point d'application. Dans le premier cas l'effet obtenu se calcule au moyen de la formule de Descartes et s'évalue par une variation de la quantité de mouvement du corps; dans le second, le calcul se fait à l'aide de la formule de Leibnitz et se mesure par la variation de force vive du corps. Nous avons aussi montré que, dans le mouvement d'un corps libre soumis à une force, ce que l'on appelle l'énergie potentielle diminue pendant la production de l'énergie actuelle ou inversement. On dit que l'une se tranforme en l'autre, leur somme restant constante à chaque instant. Il y a des cas où cette proposition semble être en défaut, c'est ce que nous allons examiner maintenant.

Un corps ayant une masse donnée et animée d'une certaine vitesse vient à rencontrer un ressort qui s'arme sous le choc et finit par annuler le mouvement. Nous pouvons analyser ce qui s'est passé. Le ressort a opposé au corps une force de sens inverse à sa direction de propagation, il lui a donc, pendant toute la durée qui s'est écoulée entre le premier instant du contact et l'arrêt du corps, communiqué une impulsion dont, d'après la formule de Descartes, la valeur totale a été égale à la quantité de mouvement à annuler. Une fois l'arrêt produit le ressort peut maintenant en se détendant animer le corps d'un mouvement de sens inverse au précédent et lui rendre sa quantité de mouvement primitive ; il n'y a rien eu de perdu. Ou bien, nous pouvons raisonner à l'aide de la formule de Leibnitz et dire : Pendant tout le chemin parcouru depuis le contact du corps avec le ressort jusqu'à l'arrêt, la force exercée par le ressort contre le corps a produit du travail résistant diminuant peu à peu et annulant finalement la force vive du corps. Le ressort bandé a pu ensuite réagir contre le corps, le relancer en sens inverse du mouvement initial et lui rendre intégralement sa force vive, rien encore ne s'est perdu. Au moment de l'arrêt, quand le ressort était bandé au maximum, il possédait l'énergie potentielle nécessaire pour rendre au corps ce qu'il en avait reçu.

Mais supposons qu'au lieu de frapper sur un ressort, le corps mobile ait rencontré un obstacle mou, une masse de plomb par exemple. Il y aurait encore eu déformation comme pour le ressort ; pendant cette période tout ce qui a été dit soit pour l'application de la formule de Descartes, soit pour celle de Leibnitz, reste vrai, mais le corps mou une fois déformé et ayant absorbé l'énergie abandonnée par le corps pendant l'arrêt ne réagit plus, il ne tend pas à revenir à sa position initiale et n'exerce aucune force sur le corps pour le lancer en sens inverse de son mouvement primitif. Le corps mobile s'est arrêté, il a perdu son énergie cinétique sans rien produire en apparence comme énergie potentielle utilisable, il semble qu'il y ait une perte pure et simple.

Et voici un autre cas remarquable. Au lieu de laisser

un corps pesant tomber en chute libre, suspendons-le par une corde enroulée sur un treuil muni d'un frein. Nous pouvons, en serrant le frein, laisser descendre le corps d'une certaine hauteur aussi lentement que nous le voudrons. Arrivé au bas, il aura perdu une partie de son énergie potentielle et n'aura pris aucune énergie cinétique si nous serrons le frein jusqu'à arrêter le corps.

En réalité la perte que l'on observe ainsi n'est qu'apparente, et s'explique par une des plus belles découvertes modernes que nous formulerons provisoirement de la façon suivante : Dans tous les cas où il se présente une perte apparente analogue à celles que nous venons de signaler dans les deux exemples auxquels nous nous bornons pour le moment, il y a apparition de chaleur.

Quelle est la relation entre cette chaleur et les phénomènes purement mécaniques, c'est ce que nous allons rechercher maintenant. Ce problème nous obligera à faire un historique rapide des travaux relatifs à la nature de la chaleur.

Il n'est pas question ici de remonter à l'antiquité pour examiner les diverses théories émises par les philosophes sur la nature de la chaleur, on y trouverait en germe, dans des discussions subtiles, toutes les opinions sur la chaleur et le feu. Les physiciens du xviie siècle, Bacon, Descartes, Boyle, Newton commencèrent, en s'appuyant sur des faits, à regarder la chaleur comme un mouvement pouvant être engendré mécaniquement. C'est ainsi que Boyle attire l'attention sur l'échauffement qu'éprouve un clou frappé par le marteau au moment où il cesse de s'enfoncer. Il fait remarquer dans le même ordre d'idées que le forgeron en battant le fer sur une enclume froide avec un marteau également froid peut en élever notablement la température. Newton montre que la chaleur peut se propager à travers le vide. Malgré cela au xviiie siècle on eut une tendance à revenir à la notion d'un calorique pondérable, ainsi pensaient Homberg, S'Gravesande, Lemery, Boerhave, Muschenbrock. Fordyce chercha même à le démontrer. Il plaça de l'eau dans un ballon scellé et crut trouver que lors de la congélation de l'eau il y avait augmentation de poids; d'où il tira la conclusion que le calorique avait un poids négatif. Mais Guyton de Morveau, Lavoisier, Rumford, d'autres encore répétèrent cette expérience sans succès. Sans doute, lors du refroidissement, Fordyce avait eu des condensations de vapeur d'eau à la surface extérieure de son ballon.

Lavoisier avait démontré la non-pondérabilité du calorique, mais il en faisait une substance indestructible comme la matière [1].

Laplace, au contraire, considère la chaleur comme la manifestation de la force vive des molécules de la matière. Cette idée se trouve exprimée dans un mémoire fait en commun avec Lavoisier [2], mais elle est certainement de Laplace, car lorsque Lavoisier est seul il revient au calorique.

La première expérience bien réglée, ayant pour but de savoir si la chaleur peut ou non se créer, est due à Rumford [3]. Elle n'eut aucune prise sur les savants de l'époque, mais c'est d'elle que date la théorie moderne de la chaleur.

Rumford, devenu, au cours de ses peregrinations, ministre de la guerre de l'électeur de Bavière, Charles-

---

1. Lavoisier, *OEuvres*, t. II, p. 768. — Quoi qu'il en soit, je continuerai à regarder la liquéfaction et la vaporisation des corps comme une dissolution par le calorique, etc. — *In* Du passage des corps solides à l'état liquide par l'action du calorique, *Mémoire*, 1792.

2. *Mémoire sur la chaleur*, par MM. Lavoisier et de Laplace, 1780. — *OEuvres*, t. II, p. 285 et suiv.

3. Il y a deux grands principes qui dominent toute la science, celui de la conservation de la matière et celui de la conservation de l'énergie. Le premier est dû à Lavoisier, le second fut clairement vu pour la première fois par le second mari de Mme Lavoisier, Benjamin Thompson, comte de Rumford.

Théodore, surveillant un jour le forage des canons à l'arsenal de Munich, fut frappé par la quantité énorme de chaleur dégagée dans cette opération.

Ce phénomène l'ayant fort intéressé, il entreprit une série d'expériences sur l'origine de la chaleur qui apparaissait ainsi[1]. Et voici le raisonnement qu'il fit.

Si, suivant les idées du jour, le calorique était une matière indestructible imprégnant les corps, l'élévation de température de la tournure de bronze ne pourrait tenir qu'à une diminution de la chaleur spécifique du métal lors de son passage en tournure. Mais l'expérience montra à Rumford qu'il n'en était rien, le métal en bloc ou en copeaux avait la même chaleur spécifique, il fallut donc chercher une autre interprétation. L'expérience directe allait la fournir. Au lieu de prendre un foret tranchant, Rumfort le fit émousser. Il n'enlevait plus alors qu'une quantité minime de métal en tournant au fond du trou où il était fortement appuyé et mis en rotation par deux chevaux.

Le canon et le foret étaient noyés sous 19 livres d'eau contenue dans une caisse en sapin convenablement aménagée. A mesure que l'opération se prolongeait, la température de l'eau s'élevait, et au bout de deux heures et trente minutes elle était en ébullition.

Rumford calcule très correctement la quantité de chaleur produite ainsi, il la trouve égale à celle que produiraient neuf bougies de cire de deux centimètres de diamètre brûlant ensemble.

Un seul cheval, ajoute-t-il, aurait suffi à l'opération et l'on pourrait ainsi produire de la chaleur, mais il est plus économique de brûler directement le fourrage mangé par le cheval. Il est inadmissible, dit-il, qu'une chose qui

---

1. *Recherches sur la source de la chaleur engendrée par le frottement.* Lu devant la Société Royale le 25 janv. 1798, d'après Tyndall. *La Chaleur*, p. 53, Paris, Gauthiers-Villars, 1881.

peut ainsi se créer indéfiniment eût quelque chose de matériel, et on ne peut la concevoir que comme étant du mouvement.

« Depuis Rumford, dit Tyndall, on n'a rien écrit de plus fort sur la nature de la chaleur », et cependant cette expérience remarquable fut à peine remarquée pendant quarante ans. On ne la citait, tout au plus, que pour la tourner en dérision. Seul Davy avait marché dans la même voie. En 1799 il montra que deux morceaux de glace frottés l'un contre l'autre donnent de l'eau sans que l'on ne puisse incriminer l'action de la chaleur propagée par conductibilité. Il tira d'abord de cette expérience des conclusions assez étranges, mais poursuivant ses recherches et continuant son idée, il écrit en 1812 : « La cause immédiate du phénomène de la chaleur est un mouvement, et les lois de sa transmission sont exactement les mêmes que celles de la transmission du mouvement[1] ». Davy resta seul de son avis.

Cependant de temps en temps on voit revenir dans les écrits du commencement du xixᵉ siècle l'idée de la non-matérialité du calorique. C'est ainsi que, en 1839, Séguin écrit dans une brochure sur « l'influence des chemins de fer » qu' « il devait exister entre le calorique et le mouvement une identité de nature, en sorte que ces deux phénomènes n'étaient que la manifestation, sous une forme différente, des effets d'une seule et même cause ». Et il ajoute : « Ces idées m'avaient été transmises depuis longtemps par mon oncle Montgolfier ».

En 1837 parut un mémoire de Mohr[2], où l'auteur considérant que la matérialité du calorique est une hypothèse inconciliable avec les expériences de Melloni sur la cha-

---

1. D'après Tait, *Conférences sur quelques progrès récents de la Physique,* p. 65. Paris, Gauthier-Villars, 1887.
2. F. Mohr. Ansichten über die Natur der Wärme *Annalen der Pharmacie,* p. 141-147.

leur rayonnante, déclara que la chaleur ne pouvait être qu'un mouvement vibratoire analogue à celui de la lumière. Mohr montra comment peuvent s'expliquer les variations de volume, des corps sous l'influence des variations de température, quelle signification on doit attribuer à la chaleur latente de fusion ou de vaporisation, la chaleur n'étant qu'une forme de la *force*. Il y a lieu de remarquer que le mot *force* n'est pas employé dans le sens que nous lui attribuons aujourd'hui. Ce que Mohr appelait force, nous l'appelons travail, force vive, énergie apparaissant tantôt sous forme mécanique, tantôt sous forme calorifique, l'une se transformant dans l'autre. Il cite entre autres, comme preuve à l'appui de cette manière de voir, les phénomènes calorifiques résultant de la compression ou de la dilatation des gaz.

A cette époque, tout à coup la question fut reprise de différents côtés presque simultanément, si bien que la priorité fut attribuée à tel ou tel auteur au détriment des autres, suivant l'écrivain qui rapportait la découverte.

C'est celui qui fut le premier en date, J.-R. Mayer, médecin à Heilbronn, qui subit le plus rude assaut. Or, que trouvons-nous dans la note publiée par lui en 1842[1] ?

« De même que la matière, la force ne peut ni se créer de rien ni se détruire. Les forces sont transformables, mais impondérables et indestructibles. La force que possède un objet dépend de sa position dans l'espace. Quand il disparaît du mouvement comme dans le frottement ou dans le choc, il doit se retrouver sous une autre forme ; il apparaît de la chaleur équivalente. Le mouvement est équivalent à la chaleur et la chaleur est équivalente au mouvement. Ainsi, si l'on agite de l'eau dans une bouteille, sa température augmente, l'auteur en a fait l'expérience. »

---

1. *Bemerkungen über die Kräfte der unbelebten Natur*, von J.-R. Mayer. — *Annalen der Chemie und Pharmacie*, Bd. XLII, 1842, p. 233-240.

Partant de ces idées, et avec les coefficients numériques que l'on possédait à son époque, il trouve par le calcul qu'un kilogramme d'eau devrait tomber d'une hauteur de 365 mètres pour que, au moment de son arrêt brusque, sa température s'élève de 1 degré centigrade.

Certes il y a une confusion dans l'emploi du mot force : ce que Mayer désignait ainsi est aujourd'hui appelé énergie ; de plus son chiffre de 365 est trop faible, comme nous le verrons ; mais peut-on énoncer plus nettement le principe de la transformation de l'énergie mécanique en chaleur équivalente ? On a reproché à Mayer de n'avoir pas appuyé son affirmation par des déterminations numériques nouvelles. Certes il n'a pas tout fait, il n'a pas épuisé la question, mais quant à avoir formulé le principe de l'équivalence, il me semble, en lisant sa petite note de sept pages, qu'il y aurait souveraine injustice à lui en refuser la priorité. Ceci doit se dire et n'enlève pas une parcelle de mérite aux autres fondateurs de la thermodynamique. Dans les années qui suivirent, Mayer développa ses idées dans trois brochures où il expose les vues les plus remarquables sur la généralité de son principe et l'économie de l'Univers [1].

Cependant, Colding, ingénieur en chef de la ville de Copenhague, se livrait depuis plusieurs années à des méditations du genre de celles de Mayer, ayant pour base l'expérience de Rumford et des observations de Dulong sur les variations de température accompagnant la compression et la dilatation des gaz.

En collaboration avec Œrsted [2] il entreprit une série d'expériences sur la chaleur dégagée pendant le frottement,

---

1. J.-R. Mayer, *Die Organische Bewegung mit dem Stoffwechsel*, Heilbronn, 1845. — *Beiträge zur Dynamik des Himmels*, Heilbronn, 1848. — *Bemerkungen über das mechanische Æquivalent der Wærme*, Heilbronn, 1851. D'après Hoefer, *Histoire de la Physique*, Hachette, Paris, 1872.

2. *Kopenhager gelehrten Gesellschaft*, 1843. D'après Mach, *Die Principien der Wärmelehre*, p. 239, J. Ambr. Barth, Leipzig, 1896.

et en 1843 il publia ses résultats d'après lesquels une calorie était équivalente à 350 kilogrammètres.

Colding venait un an après Mayer, mais il eut le mérite d'appuyer ses idées sur des expériences directes.

Enfin le plus important des mémoires parus à la même époque est celui de Helmholtz[1], dans lequel l'auteur montre que l'impossibilité du mouvement perpétuel, admise par tous les savants, entraîne d'une façon absolument rigoureuse et générale la transformation des diverses espèces d'énergie de l'univers les unes dans les autres, suivant un rapport constant toujours le même.

J'ai réservé Joule, ingénieur à Manchester, dont les travaux datent de la même époque que ceux de Colding. Il fut le véritable expérimentateur de la thermodynamique. Par une longue série de recherches poursuivies de 1843 à 1878 Joule a démontré la généralité du principe de transformation de l'énergie mécanique en énergie calorifique dans un rapport constant, et a mesuré d'une façon précise ce que l'on nomme l'équivalent mécanique de la chaleur.

Nous devons aussi faire une place à part à Hirn, ingénieur à Colmar. Il est le seul, ayant fait, à côté d'autres déterminations, une mesure en transformant de la chaleur en travail, contrairement à tous les autres expérimentateurs qui ont opéré en transformant du travail en chaleur. Le premier aussi, il s'est occupé d'appliquer les nouvelles théories à l'organisme vivant.

Avant de passer aux expériences de Joule et de Hirn, je veux dire encore que, lorsque dans ces dernières années on examina les papiers laissés par Sadi Carnot mort en 1832, et dont on verra dans la suite le rôle important, on y trouva le projet des expériences fondamentales exécu-

---

1. H. Helmholtz, *Ueber die Erhaltung der Kraft*, 1847, trad. franç. *Mémoire sur la conservation de la force*, par L. Pérard. Paris, Masson, 1869.

tées depuis par Joule et par Hirn. Une mort précoce ne lui avait pas permis de les réaliser.

Je vais maintenant, parmi les diverses expériences qui ont permis de déterminer l'équivalent mécanique de la chaleur, choisir celles qui me paraissent les plus propres à bien faire saisir les conditions de cette équivalence, celles en somme qui se présentent sous la forme la plus schématique. J'ajouterai que ce sont aussi celles qui ont donné les résultats les plus dignes de confiance.

1re Expérience (Joule). Un poids P est suspendu à une ficelle qui se réfléchit sur une poulie et vient s'enrouler sur un petit treuil T, dont l'axe vertical, muni de palettes, plonge dans un réservoir calorimétrique contenant de l'eau. Quand le poids descend il ne tombe pas en chute libre, il fait tourner le treuil et la résistance de l'eau contre les palettes ralentit le mouvement. On constate que la température de cette eau s'élève peu à peu ; supposons qu'au bout d'un certain temps il ait apparu ainsi K calories.

D'un autre côté le poids au bout de ce temps est descendu d'une hauteur H. Le travail de la pesanteur a donc été PH.

La formule de Leibnitz permet de calculer quelle devrait être la force vive que prendrait le poids s'il était libre, cette force vive devrait être telle que $\frac{1}{2} mv^2 = PH$, si m est la masse du poids. En réalité on constate par l'expérience que, par suite de la résistance opposée à la chute libre, la vitesse est seulement v', le poids a donc seulement une force vive $\frac{1}{2} mv'^2$, donc il manque

$$\frac{1}{2} mv^2 - \frac{1}{2} mv'^2.$$

On peut aussi dire : Le poids ayant pris seulement la vitesse v' à la fin de sa course, c'est-à-dire une force vive $\frac{1}{2} mv'^2$, il aurait suffi, pour produire cette force vive en chute libre, d'un travail PH', comme en réalité on a fourni PH, il y a eu disparition de PH — PH' kilogrammètres.

Tout se passe comme si un certain nombre de kilogrammètres du travail de la pesanteur avaient disparu. Or l'expérience a montré à Joule que toujours ce nombre de kilogrammètres disparus, multiplié par 425, donnait le nombre K de calories trouvées dans l'eau battue par les ailettes.

Autrement dit, chaque calorie apparaissant dans l'eau est équivalente à la disparition de 425 kilogrammètres. C'est pourquoi on donne au nombre 425 le nom d'*équivalent mécanique de la chaleur*. Ce fait d'équivalence est général, nous allons le retrouver non seulement dans toutes les expériences analogues, mais dans toutes les transformations, comme il sera dit plus loin.

Au lieu de faire battre des ailettes dans l'eau, on peut installer sur l'arbre du petit treuil un frein à frottement solidien où se fera le dégagement de chaleur. On retrouvera le même équivalent 425. Cette méthode a aussi été employée par Joule.

2ᵉ Expérience (Hirn). Un petit bloc de plomb B se trouve sur une enclume E absolument fixe. Une masse de pierre P tombe d'une certaine hauteur H et écrase le petit bloc de plomb en s'arrêtant brusquement. Au moment du contact le bloc de pierre avait une certaine force vive équivalente au travail PH emmaganisé. Ce travail et cette force vive ont disparu. Mais il a apparu de la chaleur dans le bloc de plomb et on retrouve encore qu'il y a équivalence entre le nombre de calories ainsi produites et le nombre de kilogrammètres annulés par le choc multiplié par 425.

3ᵉ Expérience (Hirn). Prenons enfin un vase contenant de l'eau s'écoulant par un orifice. On peut, d'après certaines données, calculer la vitesse d'écoulement de cette eau et par suite sa force vive. Si on la reçoit dans un petit récipient où elle perd sa force vive, on constate que sa température s'est élevée et qu'il y a encore entre la force vive ainsi perdue et la chaleur apparue la même relation que précédemment.

Je passe, bien entendu, sur les détails expérimentaux et sur les précautions à prendre pour ne pas perdre de chaleur ainsi que sur les procédés de mesure pour évaluer l'élévation de température du petit bloc de plomb de la 2ᵉ expérience; l'essentiel est ici de bien saisir le principe de la méthode. Je dis aussi, dans chaque expérience décrite, que l'on trouve pour équivalent mécanique de la chaleur le nombre 425; en réalité toutes ces méthodes comportent des erreurs. 425 est le chiffre moyen trouvé auquel on s'est arrêté après discussion et critique des diverses expériences; c'est encore là un point de détail sur lequel je n'insiste pas, il ne faut nullement s'étonner si à la lecture d'un protocole d'expérience on trouve un chiffre différent.

Voici maintenant, avant d'aller plus loin, le moment venu de faire ressortir une différence importante entre la conception de Descartes et celle de Leibnitz. Nous venons de voir par trois exemples simples qu'il y a équivalence entre la chaleur et la force vive ou le travail, l'énergie mécanique semble se transformer en énergie calorifique suivant un rapport constant quand l'énergie mécanique est évaluée au moyen de la formule de Leibnitz.

Chaque fois qu'il disparaîtra 425 kilogrammètres sans apparition équivalente de force vive, ou bien chaque fois qu'il disparaîtra de la force vive équivalente à 425 kilo-grammètres, il y aura apparition d'une calorie.

Une équivalence analogue ne peut se trouver pour la quantité de mouvement; nous pouvons le prévoir à l'avance, puisque nous avons déjà dit qu'il n'y avait en général aucune relation entre la quantité de mouvement et la force vive; mais précisons.

Prenons une balle de plomb pesant 1 kilogramme et tombant en chute libre d'un hauteur de 425 mètres. Au moment où elle touche le sol elle a une vitesse v qu'il est inutile de calculer. A cet instant la balle a emmagasiné, sous forme de force vive, 425 kilogrammètres. Si elle s'arrête brusquement en s'aplatissant sur une plaque d'acier par exemple, il se dégagera une calorie.

Si nous réduisons le poids de la balle à 1/2 kilogramme, pour lui faire emmagasiner 425 kilogrammètres, il faudra la faire tomber d'une hauteur double du cas précédent. En arrivant au sol elle n'a ni la même masse ni la même vitesse que dans le cas précédent, mais elle possède la même force vive équivalente à 425 kilogrammes et, d'après les expériences de Joule ou de Hirn, au moment du choc il apparaîtra encore une calorie. Mais cette seconde balle n'a pas, au moment de ce choc, la même quantité de mouvement que la première, il aurait fallu pour cela que sa masse étant réduite de moitié sa vitesse doublât, ce qui n'est pas. Un corps tombant en chute libre ne prend pas une vitesse proportionnelle à la hauteur de chute, donc des quantités égales de chaleur apparue ne correspondent pas à la disparition de quantités de mouvement égales.

On peut encore raisonner autrement. Après avoir réduit de moitié le poids de la balle, pour lui conserver la même quantité de mouvement il faut doubler sa vitesse; dans ce cas sa force vive varie, car la formule $\frac{1}{2}mv^2$ montre qu'en réduisant de moitié la masse m d'un corps et doublant sa vitesse v, le résultat final double $\left(\frac{1}{2} \cdot \frac{m}{2} \cdot 4v^2\right)$ $= mv^2$; ce qui est le double de $\frac{1}{2}mv^2$. D'après l'expérience, au moment du choc la chaleur dégagée doublera, quoique la quantité de mouvement détruite soit la même que dans le premier cas.

Donc, la formule de Descartes, très utile quand on veut simplement relier l'action d'une force agissant pendant un certain temps sur un corps au mouvement que prend ce corps, ne nous rend plus aucun service dans le cas où l'énergie ne reste pas sous forme purement mécanique. On a beau connaître la quantité de mouvement qui disparaît, ou l'impulsion d'une force restée sans effet mécanique correspondant, on est dans l'incapacité absolue de déterminer ce qui se passe au point de vue calorifique, il n'y a entre ces deux phénomènes aucune relation générale analogue à celle qui existe entre le travail de la force et l'énergie calorifique. Il faut absolument avoir recours à la formule de Leibnitz pour déterminer les pertes, qui ainsi évaluées retrouveront leur équivalence sous forme de chaleur.

Jusqu'ici je n'ai cité que des exemples de transformations d'énergie mécanique en énergie calorifique, mais dans un grand nombre de cas c'est l'inverse que l'on cherche à réaliser, c'est ce que l'on fait dans tous les moteurs thermiques.

Dans la machine à vapeur d'eau par exemple, dont il n'y a pas lieu ici de décrire l'agencement, on fournit de la chaleur résultant de la combustion de la houille et l'on recueille du travail mécanique que l'on utilise de diverses façons.

Hirn a montré que toute la chaleur fournie par la chaudière et transportée par la vapeur d'eau dans les cylindres ne reparaît pas en totalité à la sortie de ces cylindres. Pendant que la vapeur pousse devant elle les pistons elle produit en se détendant du travail aux dépens de la chaleur. Hirn a même cherché si dans cette transformation il pouvait retrouver le principe de l'équivalence, c'est-à-dire s'il disparaissait une calorie pour

425 kilogrammètres produits. Les difficultés dont une pareille expérience est hérissée ne lui permirent pas d'arriver à une vérification précise. Mais il est aisé de démontrer par le raisonnement qu'il doit en être ainsi, et que dans la transformation de chaleur en travail mécanique il doit y avoir le même rapport que dans la transformation inverse, sous peine d'arriver à une absurdité. C'est-à-dire que si 425 kilogrammètres engendrent, en disparaissant, une calorie, réciproquement il faut dépenser une calorie pour produire 425 kilogrammètres. Supposons par exemple qu'une calorie produise plus de 425 kilogrammètres, et pour fixer les idées sur des chiffres simples, admettons qu'elle produise 2×425 kilogrammètres. Nous savons qu'en transformant cette énergie mécanique en chaleur nous obtiendrions 2 calories. Nous serions donc revenus au point de départ avec une calorie en plus produite de rien. On arriverait à créer ainsi indéfiniment, par le même procédé, de la chaleur avec rien, ce qui est absurde et contraire à tout ce que nous savons.

Si maintenant on admettait qu'une calorie ne produise que la moitié de 425 kilogrammètres, on ferait le raisonnement suivant. Deux calories donnent 425 kilogrammètres, ces 425 kilogrommètres donnent par transformation inverse une calorie : on est revenu au point de départ avec destruction pure et simple d'une calorie, ce qui est contraire à toute expérience.

Il résulte de là qu'une calorie et 425 kilogrammètres sont des énergies équivalentes, quel que soit le sens de la transformation que l'on effectue.

Je n'ai envisagé jusqu'ici qu'une transformation simple de travail mécanique en chaleur, ou de chaleur en travail mécanique, mais il y a des cas beaucoup plus complexes.

Considérons un poids suspendu à une ficelle passant sur un treuil et supposons que le treuil actionne une petite machine Gramme pouvant fournir un courant continu. Ce courant circulera dans un fil qu'il échauffera. L'expérience nous montre que la chaleur ainsi dégagée est équivalente au travail produit par la descente du poids moteur, déduction faite de ·la force vive prise par ce poids, qui pourra être minime si, comme dans beaucoup de moteurs à poids, ce poids descend lentement.

Mais compliquons un peu l'expérience. Sur le trajet du fil conducteur parcouru par le courant intercalons un petit moteur électrique qui pourra actionner un treuil et soulever un poids. Il apparaîtra alors moins de chaleur dans le fil, cette chaleur augmentée du travail nécessaire au soulèvement du poids sera équivalente au travail moteur. Si l'on arrête le petit treuil à la main, aussitôt le fil s'échauffe davantage.

Et voici encore un autre cas. A la place du treuil plaçons un voltamètre, c'est-à-dire un appareil dans lequel, sous l'influence du courant, l'eau est décomposée en hydrogène et en oxygène. Si, au bout d'un certain temps, nous arrêtons l'expérience, nous trouvons que le travail du poids moteur est exactement équivalent à la chaleur dégagée dans le fil sous l'influence du courant électrique, augmentée de la chaleur obtenue par la recombinaison de l'hydrogène et de l'oxygène.

Quelque compliquées que soient les opérations auxquelles nous nous livrons, nous retrouvons toujours et partout cette équivalence. Faisons une transformation quelconque de travail mécanique en chaleur ou inversement, en passant par les intermédiaires les plus variés, toujours, lorsqu'il ne nous restera plus que de l'énergie calorifique et de l'énergie mécanique, à un stade quelconque de l'opération, nous aurons un total constant en faisant la somme de l'énergie calorifique et de l'énergie mécanique $\times$ 425.

Nous avons vu précédemment que l'énergie pouvait se trouver à l'état potentiel dans un poids placé à une

certaine hauteur et qu'elle se transformait en énergie
actuelle pendant la descente. Cela veut dire en réalité que
la position élevée du poids lui permet, en descendant, de
fournir du travail. Cette même capacité de fournir du
travail mécanique ou de la chaleur se retrouve dans un
grand nombre de circonstances. Prenons par exemple un
certain volume d'oxygène et un volume double d'hydrogène, mélangeons le tout. Nous disons que ce mélange
contient une certaine énergie potentielle, que nous ne
percevons pas. Si l'on y met le feu, aussitôt il y a dégagement de chaleur, immédiatement utilisable si nous
employons un dispositif convenable. L'expérience prouve
que pour opérer la décomposition de l'eau et reproduire
l'oxygène et l'hydrogène combinés dans l'opération précédente, il faut précisément dépenser la quantité d'énergie
que nous venons de libérer, il y aura disparition de
chaleur, et par suite d'énergie que nous disons emmagasinée sous forme potentielle.

Prenons de l'eau acidulée par de l'acide sulfurique, et
du zinc, cet ensemble contient aussi de l'énergie à l'état
potentiel. En dissolvant le zinc dans l'eau acidulée, nous
libérerons cette énergie sous forme de chaleur utilisable.
Ou bien nous pouvons construire une pile donnant un
courant, ce courant sera utilisé soit pour chauffer un fil,
soit pour actionner un moteur, mais toujours nous ne
tirerons de notre zinc et de notre acide sulfurique qu'un
certain total d'énergie, toujours le même. Si, à l'aide d'une
opération inverse, nous décomposons le sulfate de zinc,
nous devrons dépenser exactement l'énergie que nous
avions obtenue dans l'opération directe et nous pouvons la
conserver dans le zinc et l'acide sulfurique aussi longtemps que nous le désirerons, pour ne l'utiliser qu'au
moment choisi par nous.

On comprend dès lors la généralité du principe de la
conservation de l'énergie :

Les poids capables de descendre d'une certaine hauteur, les produits chimiques susceptibles de se combiner, les masses électriques, etc., peuvent nous fournir de l'énergie ; tant qu'elle n'est pas utilisée nous disons que cette énergie est à l'état potentiel. Par certaines opérations on peut faire apparaître cette énergie sous forme dite actuelle ou cinétique, en travail mécanique ou en chaleur utilisable. Par certains procédés nous pouvons exécuter l'opération inverse, mais dans toutes ces transformations nous ne pouvons rien créer ni rien détruire. Un poids descendant d'une certaine hauteur nous donnera un travail que nous pouvons calculer, et pour 425 kilogrammètres de ce travail nous pouvons obtenir une calorie. Un gramme d'un corps donné, Hydrogène, Carbone, etc., en se combinant avec l'Oxygène, donnera un nombre déterminé de calories que nous pourrons utiliser directement ou transformer en 425 fois plus de kilogrammètres. Dans toute réaction chimique nous retrouverons ce même fait, dégagement ou absorption de chaleur en quantité déterminée suivant la nature de la réaction et les quantités de corps en jeu. Mais si l'énergie peut se transformer de maintes manières, sa quantité totale dans l'univers est fixe, nous ne pouvons ni en détruire ni en créer la moindre parcelle, pas plus que nous ne pouvons créer ou détruire de la matière [1].

1. Dans ces dernières années, à la suite des travaux de Curie et de la découverte des substances radio-actives, la question de l'indestructibilité de la matière et de l'énergie s'est posée à nouveau. La conservation de la matière avait été considérée pendant le siècle dernier comme un dogme intangible, comme une vérité absolue. Or on ne pouvait aller au delà de ce que donne l'expérience et affirmer que la matière ne change de poids dans les transformations chimiques qu'au degré de précision des balances employées. Des expériences nouvelles plus précises ont été entreprises, des idées extrêmement ingénieuses et d'une portée philosophique considérable ont été émises, entre autres par le Dr Le Bon, mais, pour étudier les phénomènes de la chaleur animale et du travail musculaire, nous pouvons, jusqu'à nouvel ordre, considérer les deux principes de la conservation de la matière et de la conservation de l'énergie comme rigoureusement vrais.

LE PRINCIPE DE CARNOT

Nous avons vu qu'il y a équivalence entre le travail mécanique et la chaleur. C'est-à-dire que 425 kilogrammètres peuvent donner une calorie, ou qu'inversement une calorie peut produire 425 kilogrammètres. Cela veut dire que si une certaine quantité d'énergie disparaît sous forme mécanique il apparaîtra de l'énergie calorifique ou inversement, et que cette transformation se produira suivant le rapport constant que nous venons de donner. Mais cela ne veut pas dire, et ceci est très important, qu'avec 425 kilogrammètres nous pouvons toujours produire une calorie, ou inversement qu'avec une calorie nous obtiendrons toujours la production de 425 kilogrammètres. Une comparaison fera comprendre la difficulté en présence de laquelle nous pouvons nous trouver.

Quand on combine de l'Hydrogène et de l'Oxygène, avec 2 grammes d'Hydrogène et 16 grammes d'Oxygène on fait 18 grammes d'eau, et en général on peut toujours effectuer l'opération, il suffit de mettre le feu au mélange des deux gaz. Mais supposons maintenant que nous cherchions à procéder à l'opération inverse et à transformer de l'eau en un mélange d'Hydrogène et d'Oxygène. Si nous décomposons de l'eau nous aurons toujours, pour 18 grammes d'eau, 2 grammes d'Hydrogène et 16 grammes d'Oxygène; mais sommes-nous à même de faire cette décomposition? Peut-être en serons-nous absolument incapables, peut-être pourrons-nous faire une décomposition partielle, le problème n'est pas évidemment le même suivant le sens de l'opération.

Pourtant, dans les deux cas, au point de vue de la transformation de la matière il y a toujours équivalence; toujours 2 grammes d'Hydrogène se combinant à 16 grammes d'Oxygène donnent 18 gr. d'eau, ou inversement 18 grammes d'eau décomposés produisent 2 grammes d'Hydrogène et 16 grammes d'Oxygène.

Il en est de même pour la transformation de l'énergie, toujours 425 kilogrammètres donneront 1 calorie ou bien 1 calorie donnera 425 kilogrammètres, *quand il y aura transformation*; mais suivant les cas la transformation se fera intégralement ou non.

La question qui se pose est donc : Dans quelles conditions les transformations d'énergie mécanique en énergie calorifique, ou inversement, ont-elles lieu intégralement ou non?

Je vais d'abord montrer que si l'on a à sa disposition une certaine quantité d'énergie mécanique, on peut la dépenser intégralement pour produire de la chaleur équivalente. Quelques exemples nous éclaireront à ce sujet.

1° Un corps pesant est suspendu à un treuil qu'il fait tourner, à mesure que le corps descend on ralentit la rotation du treuil par un frein à frottement et on finit par amener le corps au bas de sa chute en l'y arrêtant. Tout le travail fourni par la descente du poids a été intégralement transformé en chaleur au frein. Il ne nous reste plus d'énergie sous forme mécanique, tout a apparu sous forme de chaleur.

2° Un corps pesant tombe en chute libre, le travail de la pesanteur lui communique une certaine force vive, brusquement il s'arrête sur un corps mou. Sa force vive est annulée et toute l'énergie mécanique retrouve encore son équivalence sous forme de chaleur dans le corps mou déformé. Il y a encore eu transformation intégrale.

3° Prenons encore un corps de pompe fermé par un piston mobile et contenant de l'air. Supposons qu'une force déplace le piston en comprimant l'air, il y aura travail dépensé, mais tout ce travail reparaîtra sous forme de chaleur dans l'air dont la température se sera élevée.

Il est aisé de voir qu'il en sera toujours ainsi. Quand une force déplace un corps en dépensant du travail, nous pouvons toujours, par un frénage convenable, empêcher la vitesse du corps de croître, il n'y aura donc pas production de force vive à mesure que la force travaille, toute la dépense apparaîtra intégralement en chaleur. De même si un corps a une certaine force vive, nous pourrons toujours annuler cette force vive par choc sur un corps mou et il y aura encore transformation intégrale. Donc, d'une façon absolument générale, nous pourrons toujours transformer toute l'énergie mécanique dont nous disposons en énergie calorifique.

Examinons maintenant le cas inverse de transformation de chaleur en travail. Ici les méthodes de transformation sont en nombre beaucoup plus restreint, car la plupart des opérations précédentes ne sont pas réversibles.

Qu'est-ce qu'une opération réversible? On dit qu'une opération est réversible quand elle peut s'exécuter dans un sens direct et un sens inverse, le corps passant successivement, dans les deux cas, mais en ordre inverse, par les mêmes conditions. Ceci demande quelque développement. Le fait de laisser tomber un corps d'une certaine hauteur est une opération réversible. A mesure que le corps descend, sous l'influence du travail de la pesanteur il prend une vitesse croissante, son énergie potentielle diminuant de la quantité dont son énergie cinétique augmente. Lançons maintenant le corps de bas en haut, s'il part du point inférieur avec la vitesse à laquelle il y est arrivé dans l'opération directe, il montera à la hauteur de chute. Il repassera en sens inverse par le même trajet et les mêmes vitesses, l'énergie cinétique se transformera graduellement en énergie potentielle. Sur chaque point du chemin, dans les deux opérations, on retrouvera *exactement les mêmes phénomènes* se passant en sens inverse.

C'est pourquoi l'opération est dite réversible. Autre exemple. Supposons que nous voulions faire passer de la chaleur à travers la surface d'un morceau de fer. Plaçons-le dans une masse d'eau dont la température s'élèvera graduellement de 0° à 100°. La chaleur passera peu à peu à travers la surface du morceau de fer en se propageant de l'eau vers l'intérieur du métal dont la température croîtra peu à peu. Si l'opération se fait très lentement il n'y aura à chaque instant qu'une différence de température insensible entre le fer et l'eau. L'opération en ce qui concerne le passage de chaleur de l'eau au fer est réversible, car en laissant l'eau se refroidir peu à peu de 100° à 0° le passage de la chaleur du fer à l'eau se fera en sens inverse, en passant exactement par les mêmes états que dans l'opération directe.

Remarquons que prendre un morceau de fer à 0° et le plonger brusquement dans l'eau à 100° ne constitue pas une opération réversible au sens que nous avons donné à ce mot, car quelle serait l'opération inverse? Plonger le fer à 100° dans l'eau à 0°? Il est aisé de voir qu'il n'en est rien, car prenez dans les deux opérations le moment où le fer a pris une même température, 10° par exemple, dans le premier cas il se trouve dans de l'eau à 100°, il y a 90° d'écart entre les deux côtés de la surface du fer, dans le second il se trouve dans de l'eau à 0°, et il n'y a que 10° d'écart entre les deux côtés. Donc au moment où le fer est à 10° il ne se trouve pas dans des conditions inverses, mais d'égale grandeur pour la propagation de la chaleur à travers sa surface.

Il faut examiner les opérations avec beaucoup de soin pour voir si elles sont réversibles, et cette réversibilité ou non-réversibilité a une importance capitale sur les transformations d'énergie, comme cela ressortira de la suite.

Pour ce qui est des trois opérations prises plus haut comme exemples pour transformer du travail en chaleur, un examen même superficiel montre immédiatement que les deux premières ne peuvent être réversibles. On a beau chauffer le frein on ne fera pas tourner le treuil et monter le corps, on ne peut aussi songer à chauffer le corps mou sur lequel s'est annulée la force vive du corps en chute pour le relancer de bas en haut.

Mais prenons le troisième cas défini avec précision de la façon suivante. Un corps de pompe vertical contenant de l'air à la température et à la pression de l'atmosphère ambiante est fermé par un piston sans frottement. Représentons par P la pression exercée par l'atmosphère sur le piston, il y a équilibre. Plaçons sur le piston une surcharge p d'abord extrêmement légère et graduellement croissante. A chaque augmentation de poids minime, l'air se comprime un peu, le piston descend, il y a travail de la pesanteur et apparition de chaleur dans l'air comprimé. Opérons très lentement de façon à ce que la chaleur se dégage peu à peu, et que la température de l'air ne s'élève pas dans le corps de pompe, la chaleur se perdant à travers la paroi dans l'air ambiant à mesure de sa production. Quand le piston sera descendu d'une certaine hauteur, nous aurons dépensé du travail, nous aurons aussi produit de la chaleur équivalente. Cette chaleur se sera perdue dans l'atmosphère.

Or cette opération est réversible.

En effet, enlevons graduellement, très lentement, les poids que nous avons ajoutés précédemment. Le piston soulagé remonte peu à peu, l'air en se détendant a une tendance à se refroidir, mais à mesure des besoins apportez de la chaleur en quantité suffisante pour maintenir toujours l'air à la température de l'atmosphère; pour cela la conductibilité du corps de pompe suffira si l'opération s'effectue assez lentement. Finalement, quand nous aurons enlevé tous les poids autres que P, le piston aura repris sa position primitive sur la pression de l'air, qui en se détendant aura effectué un travail, cet air sera toujours resté à la même température malgré l'apport de chaleur à travers la paroi du cylindre, toute cette chaleur aura été intégralement utilisée pour produire du travail, par une opération inverse de celle qui nous a servi dans la transformation du travail en chaleur. En y regardant de près, on voit que pour chaque position du piston la température était la même dans l'opération directe et inverse, la propagation du flux de chaleur et les transformations d'énergie se faisaient dans les mêmes conditions mais en sens inverse, l'opération est réversible.

Remarquons que l'opération ne serait plus réversible si l'on ne chargeait et déchargeait pas le piston graduellement, mais que la surcharge soit mise brusquement en place ou enlevée brusquement. On pourrait toutefois encore de cette façon transformer du travail en chaleur ou de la chaleur en travail, mais au moment de la charge et de la décharge le piston prendrait un mouvement oscillatoire autour de sa position d'équilibre qui compliquerait un peu l'analyse du phénomène, il n'y a aucun intérêt ici à l'entreprendre.

Contentons-nous de bien comprendre ce qui distingue le phénomène réversible de celui qui ne l'est pas, et de voir qu'en s'y prenant convenablement on peut toujours transformer intégralement du travail en chaleur équivalente, et dans certains cas de la chaleur en travail, une calorie étant dans les deux cas équivalente à 425 kilo-grammètres.

Une nouvelle notion importante va s'introduire main-tenant, c'est celle de continuité dans les transformations; pour la faire bien comprendre nous aurons encore recours à une comparaison.

Supposons qu'une opération quelconque étant effec-tuée on veuille la recommencer et la répéter d'une façon continue, indéfiniment. Il pourra arriver que, du fait même de cette répétition, il s'introduise une cause de dépense qui n'existait pas pour une opération unique et qui grèvera ainsi l'opération continue.

Prenons le cas où l'on aurait à transporter une mar-chandise du Havre à New-York par bateau à vapeur. La dépense réelle consisterait dans les frais de charbon et autres, nécessaires au voyage du Havre à New-York, si l'on ne considérait que cette opération unique. Mais si l'on voulait avec le même bateau faire un second trans-port il faudrait commencer par le ramener à vide au Havre, ce qui coûterait quelque chose; une fois ce résultat obtenu, on effectuerait une opération identique à la pre-mière et l'on pourrait recommencer indéfiniment.

En opérant ainsi, périodiquement les choses reviennent au même état, par exemple le bateau se retrouve déchargé au Havre pour repasser par la même série d'opérations. On dit alors qu'à chaque fois le cycle des opérations est fermé, ou plus simplement que l'on a décrit un cycle fermé.

Ce simple exemple suffit à faire comprendre la différence entre le cycle fermé, où l'on revient périodiquement à un état identique à l'état de début, et le cycle ouvert, où l'on s'arrête à un moment quelconque. L'exemple nous montre aussi que les frais ou dépenses peuvent ne plus être les mêmes par opération quand on opère à cycle ouvert ou quand on ferme le cycle à chaque fois.

Nous avons vu plus haut qu'une opération pouvait être réversible ou non réversible; on conçoit que ce caractère de réversibilité puisse se rencontrer ou ne pas se rencontrer dans toute opération, que l'on décrive un cycle fermé ou que le cycle reste ouvert. On peut donc se trouver en présence d'une des quatre opérations suivantes.

I. Opération à cycle ouvert, non réversible.

Exemple : Un corps tombe d'une certaine hauteur et s'arrête par choc sur un corps mou.

II. Opération à cycle ouvert, réversible.

Exemple : On comprime lentement un gaz dans un cylindre conducteur, la chaleur dégagée se perdant peu à peu dans l'air ambiant.

III. Opération à cycle fermé, non réversible.

Exemple : Un corps tombe sur un corps mou, on le prend à la main et on le ramène au point de départ.

IV. Opération à cycle fermé, réversible.

Exemple : Après avoir fait un trajet réversible comme dans II on pourra, par exemple, revenir au point de départ par l'opération exactement inverse, en laissant simplement se détendre le gaz, lentement, comme il a été indiqué plus haut. Mais on peut aussi fermer le cycle en décrivant un ou plusieurs trajets réversibles différents du premier et aboutissant finalement au point de départ. Ainsi, le gaz étant comprimé comme il a été dit et la température de l'atmosphère étant 10°, on pourra élever peu à peu, très lentement, la température de l'air ambiant et du cylindre à 20°, ce sera une opération réversible comme dans le cas du fer chauffé lentement dans l'eau. A 20° on laissera le gaz se détendre lentement en opération réversible jusqu'à ce que le piston ait pris la position initiale. Enfin on refroidira l'air ambiant et le cylindre, lentement, à 10°. On sera revenu au point de départ par une série de trajets tous reversibles sans revenir par le même chemin. On aura donc décrit un cycle fermé réversible.

Nous avons déjà vu que l'énergie mécanique peut se transformer intégralement en chaleur. On y arrive, quelle que soit la quantité d'énergie dont on dispose, indéfiniment, en faisant intervenir soit des chocs soit des frottements.

Quand on veut opérer la transformation inverse il en est tout autrement. L'opération se fait en portant la chaleur sur un corps qui travaille et qu'il faut périodiquement ramener à l'état initial, c'est-à-dire auquel on fait décrire un cycle fermé.

La loi qui règle alors les conditions de transformation est due à Sadi Carnot[1]. Avant lui, on espérait arriver au moyen des moteurs à vapeur à produire du travail en grande quantité avec une dépense de plus en plus réduite à mesure que l'on perfectionnerait les organes des machines. Sadi Carnot montra quelle était la limite que l'on ne pouvait dépasser. C'est lui qui introduisit dans les opérations la notion importante de continuité et de réversibilité et qui détermina l'influence de la température sur les conditions de production de travail par la chaleur. L'importance de son œuvre sera comprise après que nous en aurons fait l'exposé. Quand il publia ses recherches il croyait encore à l'indestructibilité de la chaleur et la traitait comme un fluide, mais cette croyance n'altère en rien l'exactitude des résultats auxquels il arriva, et qui conservent toute leur valeur en leur ajoutant les notions d'équivalence connues aujourd'hui. Rappelons d'ailleurs que Carnot changea bientôt d'idée et que certainement une mort prématurée l'empêcha seule de donner à son théorème la forme sous laquelle il est aujourd'hui énoncé d'une façon rigoureusement exacte.

---

1. Nicolas-Léonard-Sadi Carnot, né le 1er juin 1796 au Petit-Luxembourg, habité par son père comme membre du Directoire. Entré à l'École Polytechnique à seize ans, classé dans le Génie qu'il quitta en 1828, mort du choléra en 1832 (24 août). *Réflexions sur la puissance motrice du feu et sur les machines propres à développer cette puissance.* Paris, Bachelier, 1824.

Pour transformer d'une façon continue de la chaleur en travail on se sert d'un appareil dont il existe un grand nombre de variétés, mais qui dérivent tous en principe du dispositif suivant.

Un cylindre contient un piston exactement ajusté et muni d'une tige agissant par une bielle sur une manivelle. Cette manivelle fait tourner un arbre de couche sur lequel on emprunte le travail.

Supposons la machine lancée, le piston se déplace en exécutant une course depuis le fond du cylindre jusqu'à une certaine distance de ce fond. Au moment où le piston est au bas de sa course un dispositif spécial donne lieu à l'admission à l'intérieur du cylindre de vapeur d'eau sous la pression de la chaudière. Le piston est repoussé; à une période donnée variable suivant les modèles, l'admission de vapeur cesse, mais celle qui est déjà dans le cylindre se détend en continuant à produire du travail. Quand le piston est amené à bout de course, l'espace compris entre lui et le fond du cylindre est par certains artifices ramené à la pression de l'atmosphère, ou même au-dessous, et par suite de l'élan de la machine le piston redescend jusqu'au fond du cylindre. Une nouvelle opération commence par une nouvelle admission de vapeur et indéfiniment le piston transmet du travail à l'arbre de couche, travail fourni par la vapeur qui refoule le piston devant elle, en empruntant de la chaleur à la chaudière.

Nous décrivons ainsi, en produisant du travail avec dépense de chaleur, une série de cycles fermés, mais remarquons en passant que ces cycles ne sont pas réversibles. En effet, quand le piston est arrivé au bout de sa course, pour ne prendre que cette période de l'opération, il s'agit de le ramener au point de départ, et nous avons dit qu'il fallait pour cela faire tomber la pression dans le cylindre. Il suffit, par exemple, de le mettre en communication avec l'atmosphère, la vapeur qu'il contient encore s'échappe, mais ceci n'est pas une opération réversible, car l'inverse consisterait à puiser de la vapeur d'eau dans l'atmosphère et à la faire entrer dans le cylindre sous une certaine pression, ce qui est impossible sans un artifice nouveau.

Sadi Carnot a montré que l'on pouvait imaginer un dispositif transformant de la chaleur en travail d'une façon continue par une opération cyclique particulière fermée et réversible. Je vais exposer comment se décrit ce cycle connu aujourd'hui sous le nom de Cycle de Carnot et dont on saisira la portée dans la suite. Pour bien le faire comprendre je vais raisonner sur un moteur idéal à air chaud.

Avant tout il nous faut deux sources de chaleur, l'une à température T la plus élevée, l'autre à température t plus basse. C'est-à-dire que nous pourrons, à volonté, maintenir un corps à la température T ou à la température t en le mettant en relation avec l'une ou l'autre de ces deux sources.

Partons du moment où le corps de pompe contient de l'air à la température t et exerçons une compression qui, nous le savons, développera de la chaleur. Arrêtons la compression quand la température sera montée à T° et supposons que pendant l'opération qui vient d'avoir lieu il n'y ait pas eu de perte de chaleur à travers les parois du cylindre, c'est-à-dire qu'elle soit restée tout entière localisée dans le gaz. Disons aussi, pour faciliter le langage, que ce gaz a passé de l'état A à l'état B. Nous avons maintenant de l'air comprimé à T°, laissons-le se détendre en produisant du travail, mais pour l'empêcher de se refroidir mettons-le en relation avec la source T qui lui fournira une quantité de chaleur Q; nous amènerons ainsi le gaz à un état C. A partir de ce moment nous allons rompre la communication avec la source à T° et continuer la dilatation du gaz; sans gain ni perte de chaleur à l'extérieur ; la température baissera peu à peu ; arrêtons-nous quand elle sera tombée à t, le corps étant alors à l'état D. Pour fermer le cycle il faut revenir à A ; nous obtiendrons ce résultat en comprimant de nouveau le gaz, mais en même temps nous le laisserons en relation avec la source t, ce qui empêchera sa température de s'élever ; dans cette période le gaz rend de la chaleur à la source t.

Il est aisé de voir que le trajet cyclique A B C D A est réversible. On peut en partant de A commencer par faire dans le sens inverse du précédent le trajet A D, c'est-à-dire dilater le gaz en le maintenant à la température constante t ; le gaz emprunte alors de la chaleur à la source t. Puis de D en C comprimer le gaz sans perte ni gain de chaleur extérieure, sa température s'élevant de t à T. On continuera ensuite à comprimer de C en B à température constante T, le gaz rendant de la chaleur à la source T. Enfin rompant toute la communication de chaleur avec l'extérieur on reviendra de B en A par dilatation.

Dans le trajet direct, on voit que le gaz prend de la chaleur à la température $T°$ à la source la plus élevée et en rend à $t°$ à la source la plus basse, il y a une chute de chaleur de $T°$ à $t°$. Dans le trajet inverse c'est le contraire, le gaz a fait passer de la chaleur de la source inférieure à la source supérieure.

Mais voyons maintenant ce qui s'est passé pour le travail. Dans le trajet direct, pendant que le gaz a passé de B en C et de C en D il s'est dilaté en produisant un certain travail W. Pendant le trajet D A et A B il a au contraire absorbé un travail, W'. La variation de volume de B A D a été la même que D A B puisqu'on revient au même point, mais dans le premier trajet B C D la température du gaz était, pour le même volume, toujours supérieure à celle du trajet D A B, donc il en était de même de la pression. Par conséquent le travail W a été supérieur au travail W', et finalement comme il nous reste W — W', cette opération cyclique nous a donné un certain travail extérieur utilisable.

Nous avons vu que l'on a fourni de la chaleur au gaz à température constante T pendant le trajet B C, que l'on en a retiré à température constante t pendant le trajet D A. Ces trajets sont ce que l'on nomme des trajets isothermes. De A en B et de C en D on n'a ni fourni de chaleur ni retiré, ce sont ce que l'on appelle des trajets adiabatiques. Or Carnot a montré que lorsqu'on fait une opération cyclique analogue à celle que nous venons de décrire, composée de deux trajets adiabatiques et deux trajets isothermes à $T°$ et $t°$, quel que soit le corps employé, air, vapeur d'eau, etc., les quantités de travail W et W' mises en jeu pendant la dilatation et la compression sont proportionnelles aux températures absolues $T + 273$ et $t + 273$ des deux sources. On a donc : $\dfrac{W'}{W} = \dfrac{t + 273}{T + 273}$, ce qui entraîne $\dfrac{W - W'}{W} = \dfrac{T - t}{T + 273}$; or $W - W'$ est le gain définitif, W est le travail fourni par le gaz, $\dfrac{W - W'}{W}$ est ce que l'on nomme le rendement, c'est le rapport du gain net à la dépense. *Ce rendement est le plus grand possible, pour deux temqératures T et t, quand on opère avec un cycle de Carnot.*

Si l'on veut produire du travail d'une façon continue au moyen d'une machine thermique, il faut disposer au moins de deux sources de chaleur ; l'une à $T°$, l'autre plus basse à $t°$. Le rendement $\dfrac{\text{gain définitif}}{\text{dépense}}$ est limité par $\dfrac{W - W'}{W} = \dfrac{T - t}{T + 273}$. On n'obtient en transformation continue ce rendement idéal maximum qu'en décrivant un cycle de Carnot ; dans toute autre condition le rendement est plus petit.

Mais pendant que l'on décrit le cycle de Carnot, que se passe-t-il pour la chaleur? il faut maintenant aborder cette question.

Dans le trajet B C on fournit de la chaleur à T°, soit Q cette quantité de chaleur. Dans le trajet D A on en retire à $t°$. Sadi Carnot croyait que dans ce dernier cas on retirait précisément la chaleur Q fournie dans le premier, il y avait de la sorte une simple chute de chaleur de la température T° à $t°$, comparable à la chute d'eau du bief supérieur au bief inférieur d'un moteur hydraulique. C'est à cette chute de chaleur que Carnot reliait la production de travail. Aujourd'hui nous savons que pendant le trajet B C où la source supérieure T fournit une certaine quantité de chaleur Q sans que la température ne monte, Q est transformé en l'énergie mécanique W développée par la dilatation du gaz, et l'on a $W = E Q$, E étant l'équivalent mécanique de la chaleur, 425 kilogrammètres. De même pendant le trajet D A, c'est le travail de compression W′ qui reparaîtra sous forme de chaleur Q′ rendue à la source inférieure t et l'on a $W' = E Q'$. En portant ces valeurs dans la formule de rendement de Carnot on a : $\dfrac{E Q - E Q'}{E Q} = \dfrac{T - t}{T + 273}$ ou bien $\dfrac{Q - Q'}{Q} = \dfrac{T - t}{T + 273}$. Q est la quantité de chaleur fournie par la source supérieure à la température T, Q′ est rendu à la source inférieure à la température t; on n'a pu transformer en travail que Q — Q′. Cette transformation est inséparable d'une simple chute de chaleur Q′ de la température T à t; Q n'a pu être transformé intégralement.

Il faut maintenant immédiatement lever une objection, qui au premier abord peut venir à l'esprit mais tombe rapidement à la réflexion.

Quand on est arrivé au point D du cycle, pourquoi ne pas s'en tenir là et reprendre de l'air nouveau à l'état B pour recommencer? Pour produire d'une façon continue du travail il faut toujours partir de B et y revenir périodiquement, et quelle que soit la façon de s'y prendre il n'y a pas moyen de faire échapper le gaz à un trajet de D en B dans le moteur même ou en dehors. Employer de l'air nouveau à l'état B, ou le même ramené à B ne diffère en somme en rien au point de vue auquel nous sommes placés.

Pour prendre un exemple de tous les jours, dans une machine à vapeur, que l'on emploie l'eau du condenseur pour alimenter la chaudière ou qu'on la perde en en prenant de nouvelle à la rivière revient au même, c'est de l'eau au même état, que l'on peut considérer comme la même eau pour ce qui nous intéresse.

Comme conclusion nous voyons donc que si les diverses formes d'énergie peuvent se transformer les unes dans les autres dans un rapport constant, sans perte ni création, ces diverses formes d'énergie diffèrent entre elles par leur qualité. L'énergie mécanique peut toujours se transformer intégralement, on peut en tirer toute sa valeur équivalente; elle est de qualité supérieure. Il n'en est pas de même pour l'énergie calorifique, on peut en transformer une certaine quantité en énergie mécanique, intégralement, par une opération unique. Mais si l'on veut recommencer cette opération, à l'aide des mêmes appareils, cela devient impossible. Dans la transformation continue on a toujours un déchet, c'est-à-dire qu'à la transformation d'une certaine quantité de chaleur en énergie mécanique, est toujours associée une chute de chaleur d'une température supérieure à une température inférieure. Or de la chaleur qui tombe ainsi perd de sa qualité, elle se dégrade.

Il est aisé de montrer, en effet, qu'à nombre de calories égal, la chaleur est d'autant moins utilisable que sa température est plus basse. D'abord il y a une foule d'opérations que l'on peut faire avec de la chaleur à température élevée et qui deviennent impossibles à température plus basse; 100 calories à 150° nous permettent de faire bouillir de l'eau; ces mêmes 100 calories à 50° ne le permettent plus. Mais montrons en plus que la chaleur, en baissant de température, se dégrade en ce qu'elle devient moins transformable.

Nous sommes dans une atmosphère à 20° par exemple, ce sera notre source inférieure t du cycle de Carnot; nous avons de la chaleur à 200°, d'après la formule de Carnot nous pouvons en transformer une proportion donnée par $\dfrac{200 - 20}{200 + 273}$, soit 38 p. 100. Prenons maintenant cette même chaleur à 100, nous pourrons en transformer une proportion de $\dfrac{100 - 20}{100 + 273}$, soit 17 p. 100. On voit que la possibilité de tirer du travail de la chaleur, c'est-à-dire, en somme, la qualité de la chaleur, a beaucoup baissé avec sa température.

Il y a donc des opérations qui peuvent conserver à l'énergie ses qualités, qui respectent sa hiérarchie, ce sont les transformations purement mécaniques, travail en force vive ou inversement. D'autres donnent lieu à une dégradation, l'énergie devient de moins en moins transformable. Il n'y en a pas qui relèvent sa qualité.

Il en résulte que l'énergie disponible de l'univers devient de moins en moins utilisable; comme cet état dure depuis un temps infini, il faut en conclure que l'énergie de l'univers est en quantité infinie, sans cela aucune transformation ne serait plus possible dès aujourd'hui. Autrement dit l'infini dans le temps a comme corollaire forcé l'infini dans l'espace.

LA RESPIRATION, LES ÉCHANGES GAZEUX ET LES COMBUSTIONS INTRAORGANIQUES

Tout être vivant respire, absorbe les aliments, rejette des excreta, émet de la chaleur et produit du travail.

Ces divers phénomènes sont solidaires les uns des autres, aucun d'eux ne peut être étudié isolément, mais pendant longtemps on ne put saisir les liens qui les unissaient.

C'est seulement depuis que l'on sait ce qu'est une combustion, grâce à l'établissement du principe de la conservation de la matière par Lavoisier, et de celui de la conservation de l'énergie par Mayer, Joule et Colding, que la question est élucidée, au moins dans ses grandes lignes.

Certes dès la plus haute antiquité chacun de ces phénomènes en particulier était connu; mais leur cause ou raison d'être donnait lieu aux explications les plus fantaisistes des philosophes, il n'y a pas lieu de les rapporter ici.

L'histoire de la respiration et de la chaleur animale est intimement liée à celle des gaz.

Si d'anciens auteurs tels que Paracelse, Léonard de Vinci et van Helmont avaient remarqué que l'air était nécessaire à la vie des animaux comme à l'entretien de la flamme, il faut cependant arriver jusque vers la fin du xviie siècle pour trouver des expériences instituées méthodiquement dans le but d'élucider cette question.

C'est alors que Mayow montre l'analogie de la combustion avec la respiration, toutes deux s'exerçant aux dépens d'une partie de l'air, et pousse ses recherches assez loin pour découvrir par quel mécanisme le fœtus respire comme l'adulte.

Boyle, à la même époque, par des travaux qui ont été plus connus que ceux de Mayow et ont plus influé sur les recherches des autres savants, institue avec la machine pneumatique de nombreuses expériences desquelles il résulte que le renouvellement d'air frais est indispensable à la vie des animaux aériens ou aquatiques y compris les insectes, et à celle des végétaux. Boyle émit l'idée que la dépuration du sang était un des principaux buts de la respiration.

Fracassati, en 1665, fit voir que le sang veineux reprend sa couleur rouge à l'air, et Lower y ajouta une expérience capitale en montrant que sur le thorax ouvert le sang entre veineux dans le poumon et en sort rouge si on fait la respiration artificielle. Il reste noir si on ne la fait pas.

Il fallut encore près d'un siècle pour voir apparaître un nouveau progrès. Vers 1757, Black étudiant « l'air fixe », et des recherches duquel nous avons parlé à propos des gaz, vit que la respiration avait pour effet de dégager de l'air fixe qui altérait l'air atmosphérique, et qu'un animal placé dans de l'air fixe périssait rapidement par suffocation.

Priestley reconnut que le changement de couleur du sang passant du noir au rouge était dû à l'air déphlogistiqué. Le sang change de couleur en abandonnant du phlogistique même quand il est séparé de l'air par une membrane animale humide ou par la paroi des vaisseaux dans les poumons. Ses idées sur le phlogistique l'empêchèrent de comprendre.

Enfin Lavoisier trouva le rôle véritable de l'oxygène

dans la respiration comme dans la combustion, et établit sur des bases solides l'analogie qui existait entre les deux phénomènes.

Dans le mémoire où Lavoisier publie ses premières expériences sur ce sujet [1], il commence par rappeler que « M. Priestley a cherché à prouver par des expériences très ingénieuses, très délicates et d'un genre très neuf, que la respiration des animaux avait la propriété de phlogistiquer l'air comme la calcination des métaux et plusieurs autres procédés chimiques, et qu'il ne cessait d'être respirable qu'au moment où il était surchargé et en quelque façon saturé de phlogistique ». Mais tout cela allait être interprété autrement par Lavoisier. Il décrit en effet, pour la première fois, dans ses détails, sa fameuse expérience sur l'analyse et la synthèse de l'air. Le mercure, chauffé doucement au contact d'un certain volume d'air atmosphérique, absorbe peu à peu une partie de cet air en donnant le précipité *per se* et laissant un résidu, *une mofette*, d'air impropre à la combustion et à la respiration. En chauffant plus fortement le précipité *per se* recueilli avec soin, il s'en dégage un air qui, mêlé à la mofette, reproduit l'air atmosphérique primitif en volume et en qualité. Cet air tiré du précipité *per se* est l'*air éminemment respirable*.

Faisant maintenant passer un moineau franc sous une cloche pleine d'air et renversée sur le mercure il s'y produisit une altération sensiblement différente de celle causée par la calcination du mercure, car cet air troublait l'eau de chaux; il s'y trouvait de l'air fixe, que Lavoisier déclare désigner dorénavant sous le nom d'*acide crayeux aériforme*.

Mais après avoir absorbé l'air fixe, on a un résidu

1. Expériences sur la respiration des animaux et sur les changements qui arrivent à l'air en passant par leur poumon. Lavoisier, *Mémoires de l'Académie des Sciences*, année 1777, p. 185. — *OEuvres*, t. II, p. 174-183.

analogue à la mofette résultant de la calcination du mercure, et il suffit de lui rendre de l'air éminemment respirable pour en faire de l'air atmosphérique.

Le moineau a donc produit la même altération que la combustion du charbon, il a absorbé de l'air éminemment respirable et rendu de l'acide crayeux aériforme.

Où s'est passé ce phénomène? Y a-t-il eu une combustion dans le poumon, ou bien le poumon n'est-il qu'un lieu d'échange où s'absorbe l'air éminemment respirable et s'émet l'acide crayeux? Lavoisier pose la question sans se prononcer, mais il ajoute que sans doute le sang devient rouge par combinaison avec l'air éminemment respirable.

Quelle est la conséquence de cette formation d'acide crayeux dans le corps du moineau franc? Lavoisier se prononce catégoriquement à cet égard dans un mémoire[1] paru la même année que le précédent; c'est ainsi que se produit la chaleur animale. Car « il n'y a d'animaux chauds dans la nature que ceux qui respirent habituellement, et cette chaleur est d'autant plus grande que la respiration est plus fréquente, c'est-à-dire qu'il y a une relation constante entre la chaleur de l'animal et la quantité d'air entrée ou au moins convertie en air fixe dans les poumons ».

L'importance de cette question, la manière de voir de Lavoisier était si contraire aux idées de l'époque qu'une simple affirmation et un exposé de doctrine ne pouvaient suffire. Il fallait en donner une preuve expérimentale et montrer que la chaleur produite par un animal dégageant une certaine quantité d'air fixe était bien égale à celle qui aurait résulté de la combustion du charbon hors de l'organisme. Ce fut là l'œuvre de Lavoisier et Laplace[2].

---

1. Mémoire sur la combustion en général, *Mémoires de l'Acad. des Sc.*, année 1777, p. 592. — *Œuvres*, t. II, p. 225-233.

2. Mémoire sur la chaleur, par MM. Lavoisier et de Laplace, *Mémoires de l'Acad. des Sc.*, année 1780, p. 355. — *Œuvres*, t. II, p. 283-333.

Le plan général de l'expérience consistait à mesurer la quantité de chaleur émise par un animal dans un temps donné et à déterminer simultanément la quantité de CO_2 éliminé. Puis de rechercher quelle était la quantité de chaleur produite par la combustion du charbon pour la même quantité de CO_2 produite.

Il fallait donc savoir évaluer la quantité d'acide carbonique produit dans une opération. Ce problème Lavoisier le connaissait, il savait le résoudre, au moins d'une façon approximative. Pour cela il faisait son opération sous une cloche renversée sur le mercure, et voyait la réduction de volume que la potasse caustique produisait.

C'est Laplace qui imagina le procédé de mesure de la chaleur [1]. Les auteurs qui avaient fait des mesures de chaleur avant Lavoisier et Laplace procédaient par la méthode des mélanges, mais on ne pouvait songer à faire une combustion dans l'eau ou à placer un animal dans l'eau comme on fait pour un morceau de métal. Après discussion Lavoisier et Laplace employèrent donc la méthode dite du puits de glace.

Le corps fournissant de la chaleur était placé dans une enceinte plongée dans la glace. On recueillait l'eau provenant de la fusion de cette glace, son poids mesurait la quantité de chaleur produite, en prenant pour unité la quantité de chaleur nécessaire pour fondre une once de glace. Mais il aurait pu s'introduire des erreurs par suite de la chaleur fournie par le milieu où se trouvait le calorimètre. Lavoisier et Laplace entouraient leur glace d'un deuxième manteau de glace placé dans une enceinte concentrique aux précédentes, elle protégeait ainsi contre

---

1. C'est Lavoisier lui-même qui attribue l'idée du calorimètre à glace à Laplace. (*OEuvres*, t. II, p. 645.) — Dans une note, à propos du Mémoire sur la chaleur, Lavoisier et Laplace déclarent que, depuis leurs travaux, ils ont appris que M. Vilcke avait eu avant eux l'idée de mesurer la chaleur par la quantité de glace fondue.

toute influence provenant de l'extérieur la glace dont on évaluait la fusion.

Par ce procédé Lavoisier et Laplace firent différentes expériences sur la chaleur abandonnée par les corps pour se refroidir à 0° ou sur la chaleur produite par la combustion. Entre autres ils déterminèrent combien une once de charbon fait fondre de glace dans sa combustion. Sachant, par une expérience préalable, combien cette once produit de CO_2 ils purent reconnaître combien la production d'un pouce cube d'acide carbonique provenant de la combustion du charbon dans l'air donne de chaleur.

Ils placèrent alors un cochon d'Inde dans le calorimètre et l'y laissèrent une première fois pendant cinq heures, une seconde fois pendant dix heures. Pendant ce temps il fallait à diverses reprises lui donner de l'air au moyen d'un soufflet. Le résultat fut qu'en dix heures le cochon d'Inde faisait fondre 13 onces de glace.

Un autre cochon d'Inde pareil fut placé sous une cloche sur le mercure et l'on détermina combien il exhalait d'acide carbonique. Un calcul simple montra que ce cochon d'Inde aurait produit en dix heures une quantité d'acide carbonique correspondant, lors de la combustion du charbon, à la fusion de 10,38 onces de glace. Remarquons, en passant, que ce résultat était contraire à ceux de Priestley et de Scheele. D'après ces auteurs la respiration ne produit que très peu d'air fixe, mais déphlogistique l'air. Pour Lavoisier et Laplace, cette production d'air fixe était un point capital. Il y avait donc équivalence approximative, à quantité égale d'acide carbonique produit, entre la chaleur fournie par un cobaye et celle qui résulte de la combustion du charbon dans l'air. Cela confirmait les idées de Lavoisier, la chaleur animale était le résultat d'une combustion intra-organique.

« La respiration est donc une combustion, à la vérité fort lente, mais d'ailleurs parfaitement semblable à celle du charbon ; elle se fait *dans l'intérieur des poumons*, sans dégager de lumière sensible, parce que la matière du feu, devenue libre, est aussitôt absorbée par l'humidité de ces organes : *la chaleur développée dans cette combustion se communique au sang qui traverse les poumons, et de là se répand dans tout le système animal.* Ainsi l'air que nous respirons sert à deux objets également nécessaires à notre conservation : il enlève au sang la base de l'air fixe dont la surabondance serait très nuisible, et la chaleur que cette combinaison dépose dans les poumons répare la perte continuelle de chaleur que nous éprouvons de la part de l'atmosphère et des corps environnants. »

Mais la question était loin d'être épuisée, jusqu'à la fin de sa vie Lavoisier reprit et varia ses expériences. Il détermina d'abord d'une façon plus précise la composition de l'air atmosphérique, soit en volume, soit en poids. Puis il démontra que l'air vital seul y joue un rôle, l'azote (nom donné par Guyton de Morveau) pouvant être remplacé par un autre gaz inerte comme l'hydrogène. En examinant ses résultats de plus près il vit aussi que la formation d'acide carbonique ne suffisait à expliquer ni toute la production de chaleur, ni toute la disparition d'oxygène. Il en conclut que cet excédent de chaleur et d'oxygène provient de la combustion dans l'organisme d'une certaine quantité d'hydrogène avec formation d'eau. Lavoisier se préoccupa enfin de l'influence que pouvaient avoir ses expériences sur l'hygiène, il montra qu'en lieu confiné les animaux meurent par production d'acide carbonique avant d'avoir épuisé l'oxygène nécessaire à la vie, et fit d'intéressantes déterminations sur l'air des salles d'hôpital ou de spectacle, les premières contenant parfois jusqu'à 3 p. 100 d'acide carbonique[1].

---

1. *Recueil des Mémoires de Lavoisier*, t. III, p. 13. Mémoire lu à la Société de médecine en 1785. On y a fait depuis quelques changements. (*Note du Recueil. — Œuvres*, t. II, p. 676-687.)

L'ensemble de l'œuvre de Lavoisier sur la respiration se trouve admirablement exposé dans le mémoire qu'il publia en collaboration avec Seguin[1]. On y trouve aussi des expériences variées faites sur Seguin lui-même, et ayant pour but de rechercher l'influence du froid, de la digestion, de l'exercice musculaire sur la consommation d'oxygène; aucun de ces grands problèmes de la physiologie n'avait échappé à Lavoisier.

Cependant, après avoir fondé la théorie de la combustion comme origine de la chaleur animale, Lavoisier avait laissé indécise la question de savoir où et comment se passait cette combustion. Était-ce dans le poumon que brûlait le carbone et l'hydrogène amenés par le sang, était-ce dans l'organisme total, le poumon n'étant qu'un lieu d'échange? Après avoir penché successivement vers l'une et l'autre interprétation, il n'avait pas émis finalement d'opinion nette[2]. Lagrange le premier se prononça contre la combustion dans le poumon, disant que si le lieu de la combustion y était localisé la chaleur dégagée serait telle que l'organe n'y résisterait pas, et Hassenfratz[3] chercha à en donner une preuve expérimentale par une série d'opérations exécutées directement sur le sang. Mais Lagrange n'avait pas les documents nécessaires pour trancher cette question, il connaissait mal la

1. Premier Mémoire sur la respiration des animaux, par Seguin et Lavoisier. (*Mémoires de l'Acad. des Sciences*, année 1789, p. 185. — *Œuvres*, t. II, p. 688-703.)

2. « Aucune expérience ne prouve d'une manière décisive que le gaz acide carbonique qui se dégage pendant l'expiration se soit formé immédiatement dans le poumon, ou dans le cours de la circulation, par la combinaison de l'oxygène de l'air avec le carbone du sang. Il serait possible qu'une partie de cet acide carbonique se forme par la digestion, qu'il fût introduit dans la circulation avec le chyle; enfin, que, parvenu dans le poumon, il fût dégagé du sang à mesure que l'oxygène se combine avec lui par une affinité supérieure. » (*Premier Mémoire sur la respiration*, etc.)

3. Mémoire sur la combinaison de l'oxygène avec le carbone et l'hydrogène du sang, sur la dissolution de l'oxygène dans le sang, et sur la manière dont le calorique se dégage, par M. Hassenfratz, *Annales de Chimie et de Physique*, t. IX, 1791, p. 261-274.

quantité de chaleur dégagée par l'organisme dans l'unité de temps, ne savait ni combien d'air ni combien de sang traversait le poumon dans le même temps. Si la combustion se passe dans le poumon, l'air emporte une partie de la chaleur fournie et le sang entraîne constamment le reste pour le répandre dans tout l'organisme. Aujourd'hui, avec les données que nous avons, un calcul élémentaire montre que dans cette hypothèse la température du poumon serait à peine de quelques dixièmes de degré au-dessus de celle de l'ensemble de l'organisme; or c'est ce que Lagrange ne savait pas et l'on a peine à comprendre que P. Bert ait pu trouver son argumentation irréfutable. Quant à Hassenfratz, ses expériences consistant à faire agir *in vitro* du chlore ou de l'acide chlorhydrique sur le sang n'ont aucune analogie avec ce qui se passe dans l'organisme et ne méritent pas la discussion. Ce furent les travaux de Spallanzani[1] et ceux de W. Edwards[2] qui apportèrent la première base solide à la discussion de cette question. Spallanzani, après avoir étudié l'excrétion de CO_2 chez divers animaux et prouvé la généralité de ce phénomène chez tous les êtres vivants, montra que cette excrétion n'est pas liée à une consommation directe de l'oxygène. Des escargots, des grenouilles, continuent en effet à éliminer de l'acide carbonique quand ils sont placés dans l'azote ou l'hydrogène purs. Il n'y a donc pas de combustion directe. Toutefois, un point restait obscur, cette élimination de CO_2 continuait à se produire sur les animaux morts.

W. Ewards reprit cette même question en multipliant les expériences et les étendant aux mammifères nouveau-nés, qui peuvent survivre un certain temps en l'absence

---

1. *Mémoires sur la Respiration*, par Lazare Spallanzani. Traduction Jean Senebier. Genève, J.-J. Paschoud, 1803.
2. *De l'influence des agents physiques sur la vie*, par W. F. Edwards. Paris, Crochard, 1824.

d'O. La conclusion d'Edwards fut que CO_2 ne se forme pas dans le poumon aux dépens d'O, mais dans tout l'organisme.

Ce fait important fut l'objet de longues controverses, et l'on se demanda si, dans les expériences de Spallanzani et d'Edwards, il n'était pas resté un peu d'oxygène dans les poumons de l'animal au moment où on le plaçait dans l'azote. Collard de Martigny, en prolongeant l'expérience et renouvelant de temps en temps l'azote, montra qu'il n'en était rien.

Jean Müller, Bergmann, en Allemagne, arrivèrent aux mêmes résultats ; d'autres encore, Bischoff, Marchand.

Pour démontrer d'une façon irréfutable que les phénomènes de combustion respiratoire se produisent dans les tissus de l'organisme, divers expérimentateurs cherchèrent à instituer une preuve directe en séparant ces tissus de l'organisme et les plaçant dans de l'air emprisonné sous une éprouvette renversée sur le mercure.

L. Hermann[1] employa le premier cette méthode sur le muscle. P. Bert[2] étendit ses expériences aux divers tissus, et le résultat de toutes ces recherches fut que tous les organes séparés du corps continuent pendant un temps variable à absorber de l'oxygène et à émettre de l'acide carbonique, plus ou moins suivant la nature de l'organe. Mais L. Hermann avait émis un grave doute au sujet des conclusions à en tirer, se demandant si l'on ne se trouvait pas purement et simplement en présence d'un phénomène de putréfaction. Cette objection fut levée récemment par Tissot[3], qui opéra aseptiquement.

Cependant une autre méthode de technique se déve-

<hr>

1. *Untersuchungen über den Stoffwechsel der Muskeln*, L. Hermann. Berlin, Hirschwald, 1867.

2. *Leçons sur la Physiologie comparée de la Respiration*, P. Bert. Paris, J.-B. Baillière et fils, 1870.

3. Recherches sur la respiration musculaire, par M. J. Tissot. *Arch. de physiologie norm. et path.*, 5ᵉ série, t. VI, 1894, p. 838-844.

loppait parallèlement à la précédente, elle consistait à rechercher quels étaient les gaz du sang dans les divers trajets de ce dernier.

Mayow déjà avait vu que dans le vide le sang laisse échapper les bulles de gaz qu'il pensait être l'esprit *nitro-aérien*. De nombreux expérimentateurs avaient tenté avec plus ou moins de succès d'extraire des gaz du sang artériel ou veineux, les uns en le plaçant dans une atmosphère d'azote (Girtanner) ou d'hydrogène (Nasse), d'autres en le chauffant (H. Davy), d'autres enfin en le plaçant dans le vide (Mitscherlich, Gmelin et Tiedemann ou J. Müller), mais les résultats étaient contradictoires et douteux, lorsque Magnus [1], de Berlin, fit reprendre cette étude par un de ses élèves, Bertuch. Bertuch mourut avant d'avoir mené à bonne fin son travail, mais ses résultats parurent assez importants à Magnus pour continuer lui-même les recherches commencées. Il montra qu'en faisant barboter de l'hydrogène ou de l'azote dans le sang, on peut entraîner l'acide carbonique, mais que le mieux est d'extraire les gaz par le vide, à la condition de pousser ce vide assez loin, ce que les expérimentateurs précédents avaient négligé de faire. Dans ce but il fabriqua une sorte de pompe à mercure assez compliquée à l'aide de laquelle il put extraire les gaz du sang artériel et veineux pour les mesurer. Il reconnut que le sang veineux contient toujours plus d'acide carbonique et moins d'oxygène que le sang artériel. Il semble donc probable que l'oxygène absorbé par le poumon se fixe sur le sang qui l'entraîne dans le corps, de manière à servir dans les capillaires à une combustion avec formation d'acide carbonique. Il faudrait pouvoir démontrer, dit Magnus, que tout l'oxygène qui disparaît est remplacé par un volume égal d'acide carbonique.

1. Sur les gaz que contient le sang : oxygène, azote et acide carbonique, par G. Magnus, *Annales de Chimie et de Physique*, t. LXV, 1837, p. 169-192.

Dès lors le problème du siège de la combustion se posait nettement. La technique fut peu à peu amenée à un grand état de perfection et les travaux parus sur les gaz du sang ne se comptent plus. De leur ensemble il ressortit bientôt d'une façon irréfutable que le sang veineux contient plus de CO_2 et moins d'O que le sang artériel et que, par suite, si combustion il y a, cette combustion doit se produire à la périphérie de l'arbre vasculaire, dans les capillaires.

Ce problème a encore été abordé d'autres manières. Si la combustion se produisait dans le poumon, le sang de l'oreillette gauche serait plus chaud que celui de l'oreillette droite, ce qui a été infirmé par Claude Bernard[1]. D'un autre côté, Berthelot[2], par des mesures directes *in vitro*, a montré que l'oxygène en se fixant sur le sang ne dégage qu'une faible quantité de chaleur par rapport à celle qu'il produit dans l'organisme, donc la plus grande partie de cette chaleur ne se produit pas dans le poumon.

Il semblerait qu'à ce moment la question eût dû être complètement éclairée, et cependant elle donna encore lieu aux discussions les plus virulentes, entre autres à celle qui s'éleva entre deux des plus grands physiologistes de notre époque. D'un côté, Ludwig et ses élèves soutinrent que la consommation d'oxygène avec production de CO_2 se faisait dans le sang même des capillaires; d'un autre, Pflüger et son école cherchèrent à démontrer que le sang n'était que le véhicule de ces gaz et que le siège de la combustion était dans les tissus mêmes.

Laissant de côté les faits accessoires, voici les bases essentielles sur lesquelles se fit cette discussion.

---

1. *Leçons sur la chaleur animale*, p. 77 et suiv., par Claude Bernard. Paris, J.-B. Baillière et fils, 1876.

2. *Chaleur animale* : I. Notions générales, p. 72-109, M. Berthelot. Paris, Masson et Gauthier-Villars.

1° En 1868, C. Ludwig et A. Schmidt[1] publièrent un travail dans lequel ils arrivèrent à la conclusion suivante. La consommation d'oxygène du sang circulant à travers un muscle n'est pas constante, elle croît avec la quantité de sang qui passe dans un même temps, c'est donc dans ce sang que se fait la consommation. C. Ludwig et A. Schmidt opéraient sur des muscles détachés de l'organisme dans lesquels ils faisaient des circulations artificielles. Pour faire varier la vitesse du sang il suffisait de changer la pression sous laquelle le sang s'écoulait. Cependant les auteurs remarquent qu'il se trouvait dans les muscles des causes irrégulières et inévitables de résistance, si bien qu'à une même pression ne correspondait pas toujours un même débit.

2° D'autre part un élève de Ludwig, Worm Müller[2], étudia la diffusion des gaz et la fixation de l'oxygène sur le sang. Les conclusions auxquelles il arriva firent penser à Ludwig que les gaz diffusent à travers la paroi du poumon, grâce à la différence de pression entre les gaz des alvéoles et celle des gaz du sang, mais que dans les capillaires la tension de l'oxygène du sang ne serait pas suffisante pour lui permettre de passer dans les tissus.

3° Enfin, il résultait des recherches d'A. Schmidt[3] et de Pflüger lui-même, qu'il y avait dans le sang, surtout dans le sang asphyxique, des substances réductrices. Dans l'idée de Ludwig c'était sur ces substances réductrices que se portait l'action de l'oxygène du sang. Or

---

1. Das Verhalten der Gase, welche in dem Blut durch den reizbaren Säugethiermuskel strömen, von C. Ludwig und Alex. Schmidt, *Arbeiten aus der physiologischen Anstalt zu Leipzig*, III. Jahrg., 1868, p. 1-61.

2. Ueber die Spannung des Sauerstoffs der Blutscheiben, von Jakob Worm Müller, *Arbeiten aus der Physiologischen Anstalt zu Leipzig*, V. Jahrg., 1870, p. 119-171, 1 pl.

3. Die Athmung innerhalb des Blutes, von Alex. Schmidt, *Arbeiten aus der physiologischen Anstalt zu Leipzig*, II. Jahrg., 1867, p. 99-130.

Hammarsten[1] ne trouva pas ces substances réductrices dans la lymphe, par conséquent ce n'était pas en dehors des vaisseaux sanguins que l'oxygène agissait. C'est dans le sang que se forment ces substances et qu'elles subissent ensuite l'action de l'oxygène.

Pflüger répondit par un premier mémoire[2] où il montra que les conclusions tirées par Ludwig du travail de Worm Müller n'étaient pas légitimes. Il y a des oxydations dans le sang même, mais ce n'est là qu'un phénomène minime et accessoire. En faisant respirer aux animaux des gaz contenant de moins en moins d'oxygène, les combustions de l'organisme continuent à se passer normalement, il suffit donc de différences de pression beaucoup moindre que ne le croyait Ludwig pour que la fixation d'oxygène sur le sang se fasse. Il faut d'ailleurs tenir compte d'un élément important, l'hémoglobine, sans laquelle la fixation serait très imparfaite et dont Ludwig ne tient pas compte dans son raisonnement.

Il suffit d'une très faible tension d'oxygène pour le faire passer à travers les capillaires pulmonaires. Si maintenant l'on tient compte de ce fait que, dans la grande circulation, extérieurement aux capillaires la tension de O est nulle, O se fixant immédiatement sur les tissus, que la distance à franchir entre le sang et les tissus est très faible, qu'enfin la surface de contact est énorme, l'argument de Ludwig perd toute valeur.

On ne peut soutenir que l'action de l'oxygène se borne à agir sur les susbtances réductrices du sang, car *in vitro* cette action ne se produit que grâce à une longue digestion à chaud, tandis que dans l'organisme, où

---

1. Ueber die Gaze der Hundelymphe, von Dr O. Hammarsten, *Arbeiten aus der physiologischen Anstalt zu Leipzig*, VI. Jahrg., 1871, p. 121-138.

2. Ueber die Diffusion des Sauerstoffs, den Ort und die Gesetze der Oxydationsprocesse im thierischen Organismus, von E. Pflüger, *P. A.*, Bd. XI, 1872, p. 43-46.

ces mêmes conditions ne sont pas réalisées, les oxydations se font très rapidement.

Quant à l'objection tirée par Hammarsten de l'absence de substances réductrices dans la lymphe, elle tombe de ce fait que l'auteur opérait dans de très mauvaises conditions pour les trouver. Les animaux étaient curarisés et par suite usaient peu, de plus la respiration artificielle amenait beaucoup d'oxygène, les deux conditions réunies ne devaient pas permettre aux substances réductrices de s'accumuler. Le point capital du deuxième mémoire de Pflüger[1] est la réfutation du mémoire de C. Ludwig et A. Schmidt. En prenant pour base de discussion les expériences mêmes de ces deux auteurs, il montre quelles sont les erreurs qui ont dû s'introduire. Pour faire varier la vitesse du sang, on modifiait la pression, et des territoires variables étaient ainsi irrigués. Un élève de Pflüger, Finkler[2], prouva que des saignées répétées, modifiant la vitesse du sang dans les vaisseaux, n'influent en rien sur l'intensité des combustions, estimées d'après l'oxygène consommé. Cet oxygène consommé était déterminé par analyse des gaz du sang artériel et veineux.

La grandeur des combustions intraorganiques ne dépend donc ni de la vitesse du sang, ni de sa teneur en hémoglobine comme l'a soutenu Lothar Meyer. La conclusion de Pflüger fut que l'oxygène traverse les parois capillaires, que les phénomènes d'oxydation se passent dans la cellule vivante elle-même et que leur grandeur dépend des besoins de cette cellule. Nous verrons dans la suite que tous les faits confirment cette manière de voir, c'est l'activité seule de la cellule vivante qui règle les échanges.

1. Ueber die physiologische Verbrennung in den lebendigen Organismus, von E. Pflüger, *P. A.*, Bd. X, 1875, p. 251-367.
2. Ueber den Einfluss der Strömungs geschwindigkeit und Menge des Blutes auf die thierische Verbrennung, Dr Dittmar-Finkler, *P. A.*, Bd. X, 1875, p. 368-371.

ROLE DE L'AZOTE DE L'AIR

Dans l'idée de Lavoisier, l'azote de l'air ne jouait aucun rôle important dans la respiration ; il ne faisait que diluer l'oxygène et pouvait se remplacer par l'hydrogène ou tout autre gaz inerte.

Pendant un certain temps, à la suite des expériences que Lavoisier avait instituées, cette manière de voir fut pleinement admise, aucune objection ne fut soulevée.

Mais après que Magendie eut montré le rôle spécial et indispensable des substances azotées dans l'alimentation, la question allait prendre un intérêt capital. La ration alimentaire devait contenir une certaine quantité d'azote sous peine de déchéance de l'individu ; l'azote de l'air ne pouvait-il donc se substituer en aucune proportion à celui des aliments solides et liquides, et inversement l'azote absorbé par la voie digestive était-il ou n'était-il pas rendu en partie à l'état gazeux ? Pour certains auteurs il y avait absorption (Davy, Dr Henderson) ; suivant les autres dégagement (Berthollet et Nysten) ; d'après W. Edward les deux phénomènes se produisaient simultanément.

Je ne traiterai pas cette question avec tous les développements qu'elle comporte, ce serait m'éloigner de mon but.

Mais une grande partie des travaux que je citerai dans la suite sont trop intimement liés à la connaissance des échanges respiratoires, pour que je puisse complètement passer sous silence ceux qui ont été faits pour élucider la part qu'y prend l'azote de l'air.

Boussingault, le premier, essaya de résoudre le problème en faisant une analyse complète des substances ingérées par un animal et des produits excrétés. Il opéra d'abord sur une vache laitière [1] qu'il mit pendant un mois à une ration constante, de façon à l'amener à un équilibre de poids, les pertes compensant les gains. Au bout de ce temps il fit une expérience de trois jours, tout ce que la vache prit fut soigneusement pesé et des échantillons furent analysés; Boussingault en déduisit que dans ce laps de temps elle avait absorbé 201 gr. 5 d'azote dans sa nourriture. Tous les excréta liquides et solides ayant été recueillis, pesés et analysés, il en résulta que la vache avait rendu 174 gr. 5 d'azote seulement.

Il n'y avait donc pas eu d'emprunt fait à l'azote de l'air, mais une partie des substances albuminoïdes absorbées semblait avoir subi une décomposition profonde, une partie de leur azote, 27 gr. ayant été rendue à l'état gazeux.

La même année Boussingault refit avec un résultat analogue cette expérience sur un cheval [2] qui, sur 139 gr. 4 d'azote absorbés dans les aliments n'en rendit que 115 gr. 4 dans l'urine et les fèces; c'est-à-dire que 24 gr. ne furent pas retrouvés ainsi.

Enfin l'écart fut encore plus considérable sur une tourterelle [3] nourrie avec du millet dans deux expériences,

1. Analyses comparées des aliments consommés et des produits rendus par une vache laitière; recherches entreprises dans le but d'examiner si les animaux herbivores empruntent de l'azote à l'atmosphère, par M. Boussingault, *Ann. de Ch. et de Phys.*, 2ᵉ série, t. LXXI, 1839, p. 113-127.

2. Analyses comparées des aliments consommés et des produits rendus par un cheval soumis à la ration d'entretien; suite des recherches entreprises dans le but d'examiner si les herbivores prélèvent de l'azote à l'atmosphère, par M. Boussingault, *Ann. de Ch. et Phys.*, 2ᵉ série, t. LXXI, 1839, p. 128-136.

3. Analyses comparées de l'aliment consommé et des excréments rendus par une tourterelle, entreprises pour rechercher s'il y a exhalation

durant la première 5 jours et la seconde 7 jours. Le tiers environ de l'azote échappa aux analyses.

Regnault et Reiset[1], incidemment, au cours de leurs recherches sur l'acide carbonique éliminé et l'oxygène absorbé par les animaux, s'occupèrent aussi des échanges d'azote. Leur méthode consistait, en principe, à enfermer l'animal soumis à l'expérience en un espace clos, et à évaluer la quantité d'azote s'y trouvant au début et à la fin. Comme Boussingault, ils trouvèrent que, pour les mammifères et les oiseaux, il y avait toujours dégage-ment d'azote variant de $\frac{1}{100}$ à $\frac{2}{100}$ de la quantité d'oxygène absorbé. Ce n'est que chez les hibernants et chez les animaux dits à sang froid qu'ils observèrent tantôt une faible absorption, tantôt un léger dégagement d'azote.

Ces expériences furent reprises sous la même forme quelques années plus tard par Reiset[2]. Il avait fait faire un grand appareil lui permettant d'opérer sur des moutons, des veaux, des porcs. Reiset confirma les résultats qu'il avait obtenus autrefois en collaboration avec Regnault. Chez les moutons, les veaux, les oies et les dindons il y avait une exhalaison manifeste d'azote; elle était moindre chez le porc, dans un cas il y eut même absorption.

Plus tard Seegen et Nowak[3] reprirent ces mêmes expériences, opérant sur divers animaux, lapin, pigeon, poule, chien, par la méthode de Regnault et Reiset. Leur

d'azote pendant la respiration des granivores, par M. Boussingault, *Ann. de Ch. et Phys.*, 3° sér., t. XI, 1844, p. 433-456.

1. Regnault et Reiset, Recherches chimiques sur la respiration des animaux des diverses classes, *Ann. de Chimie et de Phys.*, 3° série, t. XXVI, 1849, p. 299-516, 2 pl.

2. Reiset, Recherches chimiques sur la respiration des animaux d'une ferme, *Ann. de Chimie et de Phys.*, 3° série, t. LXIX, 1863, p. 129-169, 5 pl.

3. J. Seegen und J. Nowak, Versuche über die Ausscheidung von gasförmigem Stickstoff aus dem im Körper umgesetzten Eiweistoffen, *P. A.*, Bd. XIX, 1879, p. 347-415, 1 pl.

conclusion fut qu'une partie des albuminoïdes de l'alimentation est transformée jusqu'à donner lieu à un dégagement d'azote gazeux sensiblement proportionnel au poids de l'animal.

Cependant d'autres expérimentateurs étaient arrivés à un résultat complètement différent dans les conditions les plus variées. Il semblait résulter des observations de Bidder et Schmidt sur le chat, de Bischoff et Voit sur le chien, de Henneberg sur les ruminants, de J. Lehmann sur le porc et de J. Ranke sur l'homme, que l'azote de l'air ne jouait aucun rôle dans les échanges de l'organisme et que celui des ingesta liquides ou solides équivalait à celui des excréta.

L'expérience de Voit[1] sur le pigeon était particulièrement frappante. Elle avait duré 124 jours, et pendant ce temps l'alimentation avait consisté uniquement en pois secs soigneusement pesés et dont on analysait des échantillons. Le pigeon avait ainsi pris 149 gr. 4 d'azote; il avait augmenté de 70 grammes. En admettant que ces 70 grammes fussent de la viande, ils devaient contenir 2 gr. 4 d'azote et par suite le pigeon aurait dû rendre 147 grammes d'azote. Or Voit en retrouva 145 gr. 9 dans les urines et les fèces, il n'y avait donc eu que 1 gramme environ de perdu.

Déjà Pettenkofer[2] avait vivement critiqué les dernières expériences de Reiset. A la suite des recherches de Seegen et Nowak, la discussion reprit plus vive entre ces derniers d'une part[3], Pettenkofer et Voit[4] de l'autre,

1. C. Voit, Ueber den Stickstoff Kreislauf im thierischen Organismus, *Annalen der Chemie und Pharmacie*, 1862-1865, II, Supplémentband, p. 238-241.

2. M. Pettenkofer, Bemerkungen zu den chemischen Untersuchungen von M. J. Reiset, *Zeitschrift f. Biol.*, Bd. I, 1865, p. 38-44.

3. J. Seegen und J. Nowak, Zur Frage der Ausscheidung gasförmigen Stickstoffs aus dem Thierkörper, *P. A.*, Bd. XXV, 1881, p. 383-398.

4. M. Pettenkofer und C. Voit, Zur Frage der Ausscheidung gasförmigen Stickstoffs aus dem Thierkörper, *Zeitsch. f. Biol.*, Bd. XVI, 1880, p. 508-549.

sans que l'entente pût en sortir, l'un et l'autre parti donnant des arguments difficiles à réfuter. Il est certain que, dans un appareil tel que celui de Regnault et Reiset ou de Seegen et Nowak, il était délicat d'évaluer la masse totale des gaz, par suite des erreurs de température auxquelles on était fatalement exposé. De plus l'azote de l'air diffusait peut-être à travers l'eau des gazomètres servant à alimenter l'animal en oxygène. Enfin, dans la préparation même de cet oxygène par le bioxyde de manganèse, on pouvait avoir des impuretés en azote et par suite attribuer l'azote ainsi introduit dans la chambre d'expérience à une exhalaison provenant d'une transformation des albuminoïdes dans le corps de l'animal. D'un autre côté, dans les expériences à longue durée comme celles de Voit, où l'on dosait l'azote des aliments et des déjections, des pertes d'une partie de l'azote des excrétions étaient à craindre; de plus l'animal variait de poids et l'on ne savait ce qu'il avait assimilé.

La question fut reprise par Leo[1] dans le laboratoire et sous l'inspiration de Pflüger, avec une nouvelle méthode. Pour rechercher directement si un animal exhalait de l'azote autre que celui venant de l'air atmosphérique inspiré, Leo relia un lapin pourvu d'une canule placée dans la trachée à un espace clos ne contenant que de l'oxygène pur. Dans cet espace même, l'acide carbonique était absorbé à mesure de sa production et remplacé par de l'oxygène pur comme dans le dispositif de Regnault et Reiset.

L'appareil dans lequel l'animal respirait pouvait ainsi être facilement réduit à des dimensions assez faibles pour être maintenu à température constante par immersion dans l'eau, et à la fin de l'expérience on pouvait aisément

---

1. H. Leo, Untersuchungen zur Frage der Bildung von reiem Stickstoff im thierischen Organismus, *P. A.*, Bd. XXVI, 1881, p. 218-236.

faire une analyse de gaz précise. Tout l'azote que l'on trouvait était expiré par l'animal, puisqu'au début l'espace clos ne contenait que de l'oxygène. Leo constata qu'il pouvait s'introduire de l'azote par diffusion autour de la canule trachéale, et que l'on trouvait d'autant moins de ce gaz dans les produits expirés que l'on se gardait mieux contre cette cause d'erreur. Ainsi le lapin se trouvant dans l'air, on retrouve en moyenne environ 0 gr. 008 d'azote par kilo-heure. Si la tête du lapin est noyée dans le gypse, ce chiffre tombe à 0,002 — 0,003; si enfin le lapin est maintenu sous l'eau, il n'y a plus que 0,0004. Il en résulte, d'après le calcul de Leo, que 0,55 p. 100 au maximum de l'azote alimentaire est rendu à l'état gazeux.

La question ne semblant pas tranchée, elle est revenue à l'ordre du jour dans ces derniers temps, et a été proposée comme sujet d'un prix fondé par Seegen. Krogh[1] l'a reprise avec un appareil de Regnault et Reiset de modèle assez petit pour pouvoir être construit entièrement en verre et être plongé sous l'eau. L'oxygène dont il se servait était préparé à mesure des besoins par électrolyse, ce qui écartait toute objection d'impureté d'azote. Il ne put opérer ainsi que sur de petits animaux, chrysalides, souris et sur des œufs. Hasselbalch[2] avait trouvé sur l'embryon de poulet des échanges d'azote gazeux, tantôt des émissions, tantôt des absorptions; Krogh en se gardant contre les diverses causes d'erreur qui avaient été relevées chez ses prédécesseurs, soit par lui, soit par d'autres critiques, tira de ses expériences la conclusion que l'azote atmosphérique ne joue aucun rôle dans la respira-

---

1. A. Krogh, Experimental researches on the expiration of free nitrogen from the body, *Skand. Archiv fur Physiologie*, Bd. XVIII, 1906, p. 364-420, 1 pl.
2. K.-A. Hasselbalch, Ueber den respiratorischen Stoffwechsel des Hühnerembryos, *Skand. Arch. f. Physiol.*, Bd. X, 1900, p. 353-402.

tion, tout l'azote alimentaire reparaît dans les excrétions par le rein ou l'intestin.

C'est là, je crois, l'opinon actuelle de presque tous les physiologistes qui ont étudié impartialement cette question sur les nombreux documents que nous possédons.

LA CHALEUR ANIMALE

Ainsi donc l'oxygène de l'atmosphère seul est nécessaire à la vie, la respiration a pour but d'en fournir l'organisme où il sert aux oxydations qui se passent dans l'intimité même des tissus. La suite des expériences n'a fait que confirmer les vues générales de Lavoisier, mais son œuvre demandait encore à être complétée sur un point.

Nous avons vu que Lavoisier, cherchant à retrouver l'origine de la chaleur animale dans la combustion du carbone à l'intérieur de l'organisme, avait constaté que cette source unique ne pouvait suffire. L'acide carbonique excrété par un cobaye ne correspondait pas à une quantité de chaleur égale à celle qui avait été cédée au calorimètre. D'ailleurs tout l'oxygène disparu ne se retrouvait pas dans cet acide carbonique. Lavoisier en avait conclu qu'il y avait simultanément combustion d'hydrogène avec formation d'eau. Les événements ne lui permirent pas d'approfondir cette question.

Un savant anglais, Crawford [1], avait eu le mérite d'instituer, lui aussi, une série d'expériences sur la chaleur animale considérée comme une combustion avec

---

1. *Experiments and observations on animal heat and the inflammation of combustibles bodies. Being an attempt to resolve these phaenomena into a general law of nature*, by Adair Crawford, A. M., London, 1779.

dégagement d'air fixe. A l'aide d'un calorimètre à eau il avait mesuré la chaleur accompagnant le dégagement d'une certaine quantité d'air fixe soit chez les animaux, soit dans la combustion de divers corps, cire, huile, suif, etc. Il en avait conclu qu'à égale quantité d'air fixe produit, les animaux dégagent moins de chaleur que ne font ces différents produits en brûlant. Crawford était embarrassé dans la théorie du phlogistique, il donna de ses résultats les explications les plus obscures basées sur des changements de chaleur spécifique, et il n'y a aucun intérêt à les développer ici.

Trente ans après la mort de Lavoisier, Despretz[1] d'un côté, Dulong[2] de l'autre, reprirent presque simultanément le problème laissé en souffrance.

La chaleur animale est-elle intégralement et uniquement produite par les combustions intraorganiques? Il fallait mesurer directement au calorimètre la chaleur émise par un animal, puis, par la détermination des échanges gazeux, évaluer celle qui devait résulter des combustions et comparer les deux résultats.

Une des causes rendant incertaines les expériences de Lavoisier résidait dans ce fait que la mesure de la chaleur dégagée et des échanges respiratoires n'avait pas été faite sur le même animal. Dulong et Despretz firent ces mesures simultanément, dans la même expérience, et réalisèrent de ce chef un perfectionnement considérable. Leurs appareils étaient sensiblement les mêmes, à de légers détails de construction près. L'animal était placé dans une enceinte étanche plongée sous l'eau. C'était l'élévation de température de cette eau

1. Recherches expérimentales sur les causes de la chaleur animale, par M. Ces. Despretz, *Annales de Chimie et de Physique*, 2e série, t. XXVI, 1824, p. 337-364, 1 pl.

2. M. Dulong, Mémoire sur la chaleur animale, *Ann. de Chim. et de Phys.*, 3e série, t. I, 1841, p. 440-455, 1 pl. — Le Mémoire de Dulong fut lu à l'Académie le 2 décembre 1822, mais publié seulement en 1841.

qui mesurait la chaleur dégagée. Comme l'opération durait assez longtemps, il y avait des pertes par rayonnement. Despretz y remédia par une correction calculée, Dulong par un système de compensation imaginé par Rumford et donnant des résultats certainement moins bons que la méthode employée par Despretz.

L'animal se trouvait dans un espace assez réduit, il fallait lui renouveler sa provision d'air. Elle lui venait d'un gazomètre mis en communication par un tube avec la chambre calorimétrique, et un tube de sortie conduisait l'air altéré à un deuxième gazomètre. On connaissait donc la quantité d'air fournie et celle qui était rendue par l'animal. L'analyse permettait d'en déduire la consommation d'oxygène et la production d'acide carbonique. Rappelons que Dulong et Despretz trouvèrent aussi un excédent d'azote rendu par l'animal.

Après Lavoisier divers observateurs avaient constaté que tout l'oxygène de l'air inspiré ne reparaissait pas sous forme d'acide carbonique. Despretz et Dulong retrouvèrent le fait, et ils en conclurent que l'oxygène sert à brûler du carbone pour donner de l'acide carbonique, de l'hydrogène pour donner de l'eau, et que c'est la chaleur due à l'ensemble de ces deux combustions qu'il fallait comparer à celle qui était mesurée au calorimètre.

Pour cela Despretz fit de nouvelles déterminations directes au moyen de son calorimètre. Il mesura combien de calories correspondent à la formation de l'acide carbonique et de l'eau lors de la combustion du carbone et de l'hydrogène. Dulong se contenta de reprendre les chiffres de Lavoisier.

La marche d'une détermination consistait donc à mesurer l'acide carbonique formé, à chercher combien il contenait d'oxygène, à retrancher ensuite cet oxygène de la quantité totale d'oxygène consommée, et d'attribuer le reste à la formation d'eau.

Sachant combien la formation d'un gramme d'acide carbonique ou d'un gramme d'eau produit de calories, on savait combien toute l'opération précédente fournissait de chaleur.

En opérant ainsi sur divers animaux, Despretz trouva que la chaleur calculée ne couvrait que 0,7 à 0,9 de la chaleur totale ; le reste, dit-il, provient sans doute de l'assimilation, du frottement du sang dans les vaisseaux et d'autres causes. Pour Dulong la chaleur calculée n'était que 0,69 — 0,8 de la chaleur totale, il regrette de ne pouvoir expliquer ce fait et doute qu'on y arrive jamais. La théorie de Lavoisier, d'après laquelle toute la chaleur animale était due aux combustions intraorganiques semblait donc en défaut. J'ai examiné avec soin les résultats expérimentaux de Dulong et de Despretz ; ce dernier me paraît avoir mieux fait ses recherches calorimétriques, ses nombres sont en général un peu faibles, mais ils ne sont pas mauvais. Ceux de Dulong sont franchement trop forts, il faisait sans doute une erreur dans ses compensations de chaleur perdue. Mais là n'est pas la cause d'erreur principale, il y en a deux autres des plus graves.

En premier lieu les coefficients employés par les deux auteurs pour calculer la chaleur dégagée dans la formation de l'acide carbonique et de l'eau sont mauvais. Despretz avait trouvé un assez bon chiffre pour la combustion du carbone, celui de la combustion de l'hydrogène était trop faible. Les nombres de Lavoisier employés par Dulong étaient tous deux trop petits. Cela résulte du tableau suivant où je rapporte ces coefficients en même temps que ceux dus à M. Berthelot, dont on se sert aujourd'hui, et qui permettront de juger la valeur des précédents.

**Nombre de calories produites par la formation
d'acide carbonique et d'eau aux dépens de 1 gramme d'oxygène.**

	CO_2	H_2O
Despretz	2,983	2,988
Dulong.	2,726	2,894
Berthelot	2,947	3,637

Plus tard Dulong fit de nouvelles déterminations directes de ces coefficients ; en les appliquant il trouva une quantité de chaleur calculée trop grande, et n'arriva plus à comprendre ce qui se passait. Nous le savons aujourd'hui, cela tenait à une erreur de principe qui échappait à Dulong aussi bien qu'à Despretz et dont il est aisé de comprendre toute la valeur.

Brûlons un gramme d'acide stéarique, l'expérience calorimétrique directe montre que cette combustion dégage 5,962 calories.

Mais supposons que nous cherchions à faire le calcul par la méthode de Dulong et Despretz, en employant toutefois les coefficients de Berthelot, voici quel serait le raisonnement.

Un gramme d'acide stéarique a nécessité, pour brûler, 1 gr. 818 d'oxygène et a fourni 2 grammes d'acide carbonique. Cet acide carbonique contient 1 gr. 464 d'oxygène ; il reste donc pour la combustion de l'hydrogène 0 gr. 354.

Or 1 gr. 464 d'oxygène, donnant par combustion du carbone de l'acide carbonique, fournit $1,464 \times 2,947 = 4,314$ calories. De plus 0 gr. 354 d'oxygène brûlant de l'hydrogène fournit $0,354 \times 3,637 = 1,287$ calories. Total, 5,601 calories. Nous sommes en déficit de 0,361 calories, même en ayant employé de bons coefficients. Cela tient à ce que la méthode est entièrement fautive. Nous ne pouvons savoir d'après l'acide carbonique formé et l'oxygène consommé combien il s'est formé d'eau, car il y avait encore de l'oxygène dans le corps combustible lui-même. Mais même saurions-nous exactement quels sont en totalité les produits de la combustion, acide carbonique et eau, que cela ne suffirait pas. De ces données nous pourrions en effet déduire quelle était la composition du corps, sa teneur en carbone, hydrogène et oxygène, mais non la chaleur qu'il dégage en brûlant. Quand divers corps simples s'associent pour former un composé il se dégage généralement une certaine quantité de chaleur, dite *chaleur de formation* du corps. Plus tard la combustion de ce corps ne produira plus toute la chaleur qu'aurait fournie la combustion directe de ses éléments, il manquera la chaleur de formation que l'on a déjà obtenue. C'est là une application directe du principe de l'état initial et de l'état final énoncé par Berthelot.

En prenant certains éléments et les brûlant nous avons une certaine quantité de chaleur. Si, au lieu de cela, nous procédons par opérations successives, combinant d'abord les corps sous une certaine forme pour brûler ensuite ces composés, nous aurons toujours finalement la même quantité de chaleur totale en faisant la somme de ce qui se dégage dans les opérations successives, par suite la combustion de ces composés intermédiaires ne donnera plus que le total moins leur chaleur de formation.

Si donc, revenant à l'exemple précédent de l'acide stéarique, on avait calculé combien tout l'acide carbonique et toute l'eau formés produisent de chaleur en partant du carbone et de l'hydrogène, il aurait fallu en retrancher la chaleur de formation de l'acide stéarique, pour savoir combien ce corps était encore capable de donner de chaleur par sa combustion. Ou bien il aurait fallu déduire de la connaissance des produits gazeux la quantité d'acide stéarique brûlée et connaître la *chaleur de combustion* de ce corps. Par quelque méthode que ce soit, on est toujours acculé à la nécessité de savoir quel est le corps brûlé, sa *chaleur de formation* ou sa *chaleur de combustion*, ce qui revient au même.

Finalement, pour résoudre le problème de Lavoisier, d'une façon complète et parfaite, on est donc amené aux trois questions suivantes :

1° Quel est l'état initial et l'état final des matières transformées dans l'organisme?

2° Quelle est la quantité de chaleur que peut fournir la combustion de ces matières à l'état initial et à l'état final?

3° La quantité de chaleur que peut fournir l'état initial diminuée de celle que peut fournir l'état final, correspond-elle bien exactement à celle que l'organisme cède au calorimètre?

I

Les matières destinées à être transformées dans l'organisme se trouvent dans nos aliments.

Si parfois les substances alimentaires que nous absorbons se présentent sous une forme simple comme le sucre, ayant une constitution chimique bien connue et invariable, ce n'est là qu'une exception. La plupart de nos aliments sont complexes. La viande, les légumes, le pain, etc., n'ont pas toujours exactement la même composition et contiennent des produits plus simples en proportion variée. Nous verrons plus loin le rôle joué par chacune de ces substances alimentaires. Pour le moment disons simplement que depuis la fondation de la chimie par Lavoisier, les efforts d'un grand nombre de chimistes, Dumas, Chevreul, Boussingault, Liebig, d'autres encore, se sont portés sur l'étude de ces substances. Faire le récit des travaux successifs exécutés sur ce sujet serait reprendre l'histoire de la chimie organique, ce qui serait tout à fait hors de propos. Grâce aux travaux de nombreux savants on a pu aujourd'hui constituer de volumineux recueils comme celui de König où se trouve la composition d'un aliment quelconque. On peut y avoir recours comme à un dictionnaire.

Parallèlement à ces recherches on en a institué d'autres pour savoir quelles sont les transformations que subissent les aliments dans leur passage à travers l'organisme; pour établir, comme on dit, le bilan des entrées et des sorties.

Boussingault doit être cité en tête de ceux qui se livrèrent à cette étude. Il fit un grand nombre de déterminations ayant pour but de savoir quels étaient les besoins de l'organisme au point de vue alimentaire, de rechercher de quoi se composait la ration et quels étaient les excreta. Ses expériences portèrent sur les animaux.

Barral [1] fit la même détermination sur l'homme et donna un bilan très complet des entrées et des sorties relevé sur cinq sujets différents ou placés dans des conditions différentes.

Malheureusement les expériences de Boussingault ainsi bien que celles de Barral manquaient d'un élément important, la détermination des échanges gazeux, on ne connaissait donc pas l'oxygène des ingesta ni le carbone, l'oxygène et l'eau des excreta. D'autres auteurs, entre autres Regnault et Reiset, avaient bien étudié les échanges respiratoires, mais leurs expériences ne pouvaient se raccorder avec celles de Boussingault et de Barral, n'ayant été faites ni sur les mêmes sujets ni dans des mêmes conditions. Ce fut surtout l'œuvre de C. Voit et de Pettenkofer, travaillant tantôt isolément, tantôt en collaboration entre eux ou avec d'autres savants, d'établir le bilan complet des entrées et des sorties de l'organisme, en déterminant simultanément sur un sujet, dans une

---

1. Mémoire sur la statistique chimique du corps humain, par M. Barral, *Ann. de Chimie et de Phys.*, 3ᵉ série, t. XXV, 1849, p. 129-171.

même expérience, tous les ingesta y compris l'oxygène inspiré et tous les excreta. Il y aurait bien quelques objections à faire à leur méthode de technique, mais enfin ils furent les premiers à exécuter en principe les expériences nécessaires pour établir le bilan des entrées et des sorties dans différentes alimentations, sur l'homme et sur le chien, et à montrer comment, dans les divers cas, on pouvait déterminer la nature des corps brûlés dans l'organisme, qu'ils soient empruntés à la ration alimentaire ou aux réserves de l'organisme, soit enfin qu'une partie de la ration surabondante ait passé dans les réserves.

Il n'est pas superflu d'indiquer ici la méthode due à Pettenkofer[1], et qui fut employée dans la suite par lui et par Voit pour de nombreuses déterminations.

L'animal sur lequel on opérait était placé dans une enceinte d'environ 12 mètres cubes. Un courant d'air la traversait et un compteur donnait la quantité d'air débitée. Une partie seulement de cet air était dérivée à travers un petit compteur et analysée. C'est-à-dire qu'on en déterminait la teneur en acide carbonique et en vapeur d'eau. On évaluait cette même teneur pour l'air entrant dans l'appareil. De plus, à la fin de l'opération, on prélevait un échantillon de l'air de l'enceinte où se trouvait l'animal et on l'analysait. On avait ainsi tout l'acide carbonique et la vapeur d'eau rendue. On pesait soigneusement le sujet au commencement et à la fin de l'expérience; la ration alimentaire était aussi pesée et analysée, de même pour l'urine et les fèces.

Voyons maintenant ce que l'on tirait de ces données. Pour cela prenons un exemple tiré d'un des mémoires de Pettenkofer et Voit[2].

---

1. M. Pettenkofer, Ueber die Respiration, *Annalen der Chimie und Pharmacie*, 1862 et 1863, *II Supplementband*, p. 1-52, 3 pl.

2. M. von Pettenkofer und C. Voit, Ueber die Zersetzungsvorgänge im Thierkörper bei Fütterung mit Fleisch und Fett, *Zeitsch. f. Biologie*, Bd. IX, 1873, p. 1-40 (exemple de la page 3).

Un chien recevait par jour 400 grammes de viande, 200 grammes de graisse et de l'eau; le 5e jour il but 578 grammes d'eau et on détermina sur lui les excreta. Il pesait au commencement de l'expérience 32,910 grammes; s'il n'avait rien perdu il aurait dû peser en plus les 1 178 grammes absorbés dans sa nourriture. Son poids à la fin était 32 880 grammes, c'est-à-dire 30 grammes de moins qu'au début. Il a donc perdu $1\,178 + 30 = 1\,208$ gr. par l'urine, les fèces, CO^2 et H^2O de la respiration. Or ces poids déterminés directement formèrent un total de 1793,7. Il y a 585,7 grammes de trop, c'est l'oxygène emprunté à l'air. On peut dès lors faire le bilan complet des entrées et de leur composition, elles sont rapportées dans le tableau suivant, donnant les poids, en grammes, des divers corps.

ENTRÉES		H^2O	C	H	Az	O	CENDRES
Viande. .	400	303,6	50,1	6,9	13,6	20,6	5,2
Graisse. .	200	—	153,0	23,8	—	23,2	—
Eau . . .	578,0	578,0	—	—	—	—	—
Oxygène .	585,7	—	—	—	—	585,7	—
	1 763,7	881,6	203,1	30,7	13,6	783,7	5,2
Soit.		97,9 H 783,7 O		97,9 de H^2O 128,6		629,5 de H^2O 1 413,2	

Faisons de même le bilan des sorties.

SORTIES		H^2O	C	H	Az	O	CENDRES
Urine. . . .	288,0	247,2	8,8	2,3	14,6	10,4	4,7
Fèces. . . .	36,9	51,5	8,3	1,3	0,7	2,0	3,1
Respiration.	1 501,7	910,9	161,1	—	—	429,7	—
	1 826,6	1 179,6	178,2	3,6	15,3	442,1	7,8
Soit.		131,1 H 1 048,5 O		131,1 de H^2O 134,7		1 048,5 de H^2O 1 490,6	

Les entrées ne se retrouvent pas dans les sorties, les différences sont reportées dans le tableau suivant.

SORTIES		C	H	Az	O	CENDRES
Entrées	1 763,7	203,1	128,6	13,6	1 413,2	5,2
Sorties	1 826,6	178,2	134,7	15,3	1 490,6	7,8

15 gr.3 d'Az correspondent à 449,7 de viande contenant 56,3 de carbone. Si on admet que le reste de carbone exhalé, 178,2 — 56,3 = 121,9 provienne de graisse, il en faudrait 159,4 grammes. Pour correspondre aux sorties il aurait donc fallu que la ration d'entrée soit :

		C	H	Az	O
Viande	449,7	56,3	45,7	15,3	326,5
Graisse	159,4	121,9	19	—	18,5
Eau.	629,8		69,9		559,9
		178,2	134,6	15,3	904,9
Oxygène					585,7
					1 490,6

Il y a donc eu consommation de 449,7 — 400 = 49,7 de viande du corps du chien et dépôt de 200 — 159,4 = 40,6 gr. de graisse.

De plus le chien a perdu en eau 629,8 — 578 = 81,8 gr.

Cet exemple pris au hasard dans les nombreux résultats de Pettenkofer et Voit suffit pour nous montrer comment ces auteurs ont pu déterminer les combustions intra-organiques. Remarquons toutefois que dans ces expériences l'oxygène est déterminé par différence, en admettant, suivant le principe de Lavoisier, que rien ne se perd. Jamais encore ce principe n'a été démontré rigoureusement sur l'homme ou les animaux, mais, avec la restriction faite plus haut, son exactitude est considérée aujourd'hui comme tellement certaine qu'il a passé à l'état d'axiome. Si une expérience où toutes les entrées et sorties de l'organisme seraient dosées directement ne satisfaisait pas à ce principe, il n'y a pas un savant qui le mettrait en doute, mais il attribuerait certainement cet écart à une erreur expérimentale.

Remarquons encore que l'oxygène est la seule substance pondérable non dosée directement par Pettenkofer et Voit. On pourrait, et d'autres expérimentateurs l'ont fait, doser directement l'oxygène de l'air absorbé et calculer par différence l'eau par exemple, ou l'un quelconque des autres produits, on arriverait toujours par différence à la connaissance de tous les éléments de la question, pourvu qu'un seulement soit inconnu.

Nous admettrons donc dans la suite que l'on est en possession de méthodes permettant d'établir le bilan des entrées et sorties de l'organisme, et de savoir quelles sont les substances qui ont été transformées dans un laps de temps déterminé du début à la fin d'une expérience.

Voici pour la transformation de la matière; passons maintenant à la détermination des effets calorifiques accompagnant ces transformations.

II

Nous avons vu que la méthode consistant à évaluer la chaleur dégagée par la combustion d'un corps d'après la quantité de CO^2 et H^2O formés est erronée, et qu'il faut déterminer directement ces chaleurs de combustion.

Favre et Silbermann[1] furent les premiers qui entre-

1. Recherches sur les quantités de chaleur dégagées dans les actions chimiques et moléculaires, par MM. P.-A. Favre et J.-T. Silbermann, *Ann. de Ch. et de Ph.*, 3ᵉ série, t. XXXIV, 1852, p. 357-450, 1 pl.

prirent méthodiquement des déterminations de ce genre.

La combustion des corps qu'ils étudiaient se faisait dans un récipient, dit « chambre de combustion », immergé dans l'eau dont on mesurait l'élévation de température. Cette eau était contenue dans le calorimètre proprement dit, en cuivre argenté, de façon à perdre le moins possible et placé dans une enceinte à température constante pendant l'opération. On faisait d'ailleurs les corrections nécessaires dues aux pertes. Fabre et Silbermann déterminèrent à nouveau la chaleur de combustion de H et de C sous divers états avec une plus grande précision que leurs prédécesseurs, et de divers autres corps, carbures, alcools, éthers, acétone, cire, acides gras, etc., mais précisément les corps indispensables à l'étude de l'alimentation n'entrèrent pas dans le cadre de leurs recherches.

En 1865 Berthelot[1] posa d'une façon précise les conditions dans lesquelles doivent se faire les calculs relatifs à la chaleur animale et indiqua les déterminations qui étaient nécessaires pour cela.

L'année suivante, à la suite du mémoire de Berthelot sur la chaleur animale, Frankland fit paraître une première série de déterminations utiles. Mais c'est seulement depuis une vingtaine d'années que, grâce aux efforts de Danilewsky, de Stohmann, de Rübner, de Thomsen, de Berthelot et de ses élèves que les méthodes ont été considérablement perfectionnées et que l'on a obtenu une liste complète des chaleurs de combustion de toutes les substances pouvant être utiles. Il n'y a pas lieu ici d'insister sur les procédés de technique qui ont été employés pour cela.

Actuellement, lorsqu'il s'agit de savoir quelle est la quantité de chaleur que peut fournir une substance déter-

---

1. Recherches de Thermochimie, 3ᵉ Mémoire, Sur la chaleur animale, M. Berthelot, *Ann. de Ch. et de Ph.*, 4ᵉ série, t. VI, 1865, p. 444-464.

minée simple, il suffit de chercher cette substance dans les tables publiées par Berthelot. Ainsi supposons qu'il s'agisse du glucose, de l'alcool éthylique, de la stéarine, on trouvera que chacune de ces substances dégage respectivement par gramme complètement brûlé dans l'oxygène 3,739 calories, 7,080 calories et 9,500 calories. Mais il peut arriver que dans son passage à travers l'organisme une substance ne soit pas complètement brûlée. Prenons par exemple l'albumine. Cette albumine donnerait, par gramme, dans une combustion complète, 5,770 calories. Mais dans son passage à travers l'organisme, l'albumine ne brûle pas complètement en donnant de CO_2, H_2O et Az. L'azote est éliminé à l'état d'urée et pour un gramme d'albumine il se forme environ 0 gr. 354 d'urée, qui par sa combustion peut encore donner de la chaleur. 1 gramme d'urée donnant dans sa combustion complète 2,585 cal., 0,354 grammes donneront 0,915 calories. Autrement dit, en passant à travers l'organisme, au lieu de fournir les 5,770 calories qu'il contient, chaque gramme d'albumine en laissera sortir 0,915 dans l'urée éliminée, c'est-à-dire qu'il n'en fournira à l'organisme que $5,770 - 0,915 = 4,865$ calories.

Mais considérons maintenant un aliment complexe tel que ceux que l'on mange dans la plupart des cas. Prenons dans König la composition d'un pain de froment analysé à Nuremberg, nous trouvons qu'il contient pour 100 grammes :

Eau	40,60	Sucre	2,48
Albumine . . .	6,50	Amidon	49,21
Graisse.	1,00		

Multiplions le poids de ces composants par le nombre de calories dégagées par la combustion de 1 gramme de chacun d'entre eux, c'est-à-dire par leur chaleur de combustion prise dans les tables de Berthelot, nous aurons, en faisant la somme des produits, le nombre des calories que 100 grammes de pain de froment peuvent dégager dans leur transformation lors de leur passage à travers l'organisme.

Dans la plupart des cas cette méthode de calcul de la chaleur mise à la disposition de l'organisme est suffisante. Quand, au contraire, on fait une expérience précise, il faut analyser chaque aliment et il est même bien de déterminer directement la chaleur de combustion de chaque substance élémentaire qui y entre ou bien encore de mesurer, par les méthodes de Berthelot, la chaleur de combustion de chaque aliment complexe mais homogène.

Bien entendu la chaleur dégagée dans l'organisme ne dépend pas seulement des ingesta. Il faut, de la quantité de chaleur que peuvent dégager ces ingesta, retrancher celle qui se trouve encore dans les excréta. C'est ce que nous avons fait pour l'urée. En plus de la chaleur qui se trouve encore dans l'urée, il y en a dans les matières quittant l'organisme non transformés ou incomplètement transformés et se retrouvant dans les fèces et dans l'urine.

Pour tenir compte de tout cela dans une bonne expérience, on peut peser chaque aliment ingéré, en prélever une petite portion et en faire la combustion directe dans un calorimètre de Berthelot, recueillir tous les excréta, les peser et en faire la combustion. Par différence on aura exactement ce qui est resté dans l'organisme.

III

Voyons maintenant le parti tiré par Rübner[1] et par Atwater de ces données pour la vérification du principe de la combustion.

1. M. Rübner, Die Quelle der thierischen Wärme, *Zeit. f. Biol.*, Bd. XXX, 1894, p. 73-142.

Pour bien comprendre la nécessité des expériences de Rübner, il faut relire ce que Claude Bernard [1] écrivait en 1876 au sujet de la chaleur animale et les doutes qui restaient dans son esprit. « En résumé, dit-il, la théorie de Lavoisier n'est pas précisée dans une formule définitive. La théorie de la combustion directe laisse des faits inexpliqués, des objections non résolues et beaucoup de lacunes. »

Claude Bernard partageait d'ailleurs les idées de beaucoup de savants éminents de son époque.

Il est évident qu'ils n'avaient pas bien compris le problème, il suffit pour s'en convaincre de lire le plan d'expériences irréalisables pratiquement que Claude Bernard propose pour le résoudre.

Les expériences de Rübner portèrent sur le chien.

Rübner construisit un calorimètre à eau dont la température était maintenue constante à l'aide d'un écoulement d'eau froide. A mesure que l'animal fournissait de la chaleur à ce calorimètre, grâce à un régulateur approprié il était toujours amené à la même température par l'écoulement d'eau. Il suffisait de savoir dans un temps déterminé combien il avait fallu faire couler d'eau et quelle était son élévation de température entre l'entrée et la sortie du calorimètre pour en déduire la quantité de chaleur produite. Le calorimètre se trouvait d'ailleurs lui-même entouré d'une double enveloppe faisant enceinte à température constante, afin de ne pas emprunter de chaleur à l'atmosphère ambiant. C'était en somme un calorimètre à écoulement d'eau de d'Arsonval.

D'un autre côté les combustions intraorganiques étaient calculées en mesurant les échanges et déterminant les substances transformées suivant le procédé de Pettenkofer et Voit.

1. C. Bernard, *Leçons sur la chaleur animale*, p. 21 et suiv. Paris, J.-B. Baillière, 1876.

Rübner a varié les conditions de ses expériences en modifiant l'alimentation, en opérant sur l'animal en état de jeûne, le laissant alors brûler uniquement les substances de l'organisme ou recommençant à l'alimenter après une période de jeûne.

N'entrons pas dans le détail de ses expériences. Nous en rapporterons seulement l'ensemble réuni dans son mémoire fondamental sur ce sujet[1].

ALIMENTATION	DURÉE DE L'EXPÉRIENCE en jours	CHALEUR CALCULÉE	CHALEUR DIRECTEMENT MESURÉE	DIFFÉRENCE p. 100	MOYENNE DES DIFFÉRENCES p. 100
Inanition .	5 p	1 296,3	1 305,2	+ 0,69	— 1,42
—	2 g	1 090,2	1 056,6	— 3,15	
Graisse . .	5	1 510,1	1 495,3	— 0,97	— 0,97
Viande et graisse. .	8	2 492,4	2 488,0	— 0.17	— 0,42
—	12	3 985,4	3 958,4	— 0,68	
Viande. . .	6	2 249,8	2 276,6	+ 1,20	+ 0,43
—	7	4 780,8	4 761,3	— 0,24	

Ces expériences portèrent sur deux chiens, un petit d'environ 4 kil. 5, et un plus gros d'environ 12 kilos, les expériences correspondantes sont indiquées par les lettres *p* et *g* dans la 2ᵉ colonne du tableau.

Il suffit de jeter les yeux sur le tableau précédent et en particulier sur la dernière colonne pour être frappé par la concordance remarquable qui existe entre les quantités de chaleur réellement émises par l'organisme et celles que donne le calcul d'après la combustion des matériaux transformés.

Il n'y a donc aucun doute, la chaleur animale est due à une combustion lente dans l'organisme conformément aux idées de Lavoisier.

Cependant quelle que soit la précision des expériences de

1. *Loc. cit. Zeit. f. Biol.*, Bd. XXX, p. 135.

Rübner, cette question est si importante qu'Atwater, de Middletown, ayant monté un grand calorimètre pour des études variées sur l'homme, profita de sa magnifique installation et des moyens considérables qu'il avait à sa disposition pour reprendre le sujet.

Les expériences de Rübner faites sur le chien ne portaient chacune que sur un délai d'un jour, les analyses de nourriture et d'excréta n'étaient pas complètes, et par suite les matériaux brûlés dans le corps étaient en partie mesurés, en partie calculés.

L'homme se prête mieux que les animaux à des recherches de ce genre, il est plus aisé de le maintenir un certain temps dans les mêmes conditions de repos ou de mouvement, on est plus certain de ne perdre ni urine, ni fèces. On peut, sans le faire sortir du calorimètre, lui faire passer ses aliments, tandis que Rübner était obligé d'interrompre son expérience pour nourrir quotidiennement le chien et de tenir compte par le calcul du temps ainsi perdu.

Atwater installa donc ce qu'il appela son calorimètre à respiration, consistant essentiellement en une véritable petite chambre munie d'un lit, d'une petite table et d'une chaise. C'est dans cette petite chambre que le sujet pouvait séjourner à l'aise, car elle était parfaitement ventilée. Grâce à un guichet spécial on faisait passer au sujet ses aliments et on retirait ses déjections. Il pouvait y vivre de sa vie propre habituelle, recevant même les journaux et se tenant en relation avec l'extérieur par le téléphone.

Comme le calorimètre de Rübner, la chambre d'Atwater [1] était maintenue à température constante par un courant d'eau dont on évaluait le débit et l'élévation de tempé-

---

1. *Description of a new respiration calorimeter and experiments on the conservation of energy in the human body*, by W. O. Atwater and E. B. Rosa. Washington, Government Printing Office, 1899.

rature, l'on pouvait en déduire le nombre de calories dégagées. On faisait d'ailleurs une analyse spéciale de tous les aliments et de tous les excréta. L'oxygène seul, toujours comme chez Rübner, n'était pas dosé directement, mais par différence. CO_2 et HO_2 étaient mesurés sur un échantillonnage proportionnel.

Les chaleurs de combustion étaient toutes déterminées spécialement pour chaque matière à l'aide de la bombe de Berthelot. Les opérations pour chaque expérience étaient laborieuses, il fallait parfois une douzaine de personnes travaillant pendant trois semaines pour faire toutes les déterminations.

Le sujet était d'abord, pendant un certain temps, mis au régime de la ration qu'il mangerait chaque jour dans le calorimètre, puis, quand il était en équilibre, on le faisait pénétrer dans l'appareil où il séjournait plus ou moins longtemps, jusqu'à 5 jours dans certaines expériences.

On conçoit que dans de pareilles conditions et avec des expériences poursuivies pendant aussi longtemps sans interruption, on devait arriver à une précision remarquable. Si Atwater avait fait une détermination directe de l'oxygène, on ne pourrait pas imaginer un ensemble d'expériences plus complet.

Ces résultats ont été publiés avec tout le détail des opérations par les soins du département de l'Agriculture des États-Unis. Les expériences ont été exécutées par W. O. Atwater et F. G. Benedict avec divers collaborateurs.

En 45 expériences faites sur huit personnes couvrant un total de 143 jours, voici quels furent les résultats :

Le total des entrées fut de . . . . 497 805 calories.
   —   sorties   — . . . . . . 497 752   —
       Différence . . . . 53 calories.

C'est-à-dire que l'écart est d'environ 1 p. 10000, le sujet restant au repos.

Ce résultat est conforme à l'idée de Lavoisier. Toute la chaleur animale est due à la combustion des matières alimentaires dans l'organisme. Il peut se produire des réactions intermédiaires variées sur lesquelles nous ne sommes pas éclairés, mais finalement leur ensemble revient à une combustion.

LE PRINCIPE DE MAYER
EST VRAI POUR LES ÊTRES VIVANTS

Dans toutes les expériences dont il vient d'être question je n'ai envisagé que la production de la chaleur animale. Mais nous savons qu'en outre de la chaleur les animaux produisent du travail. C'est même cette question de la production du travail des animaux qui fut l'origine des méditations de Mayer et qui le conduisit à étudier les transformations d'énergie.

Dans les expériences de Dulong, de Despretz, de Rübner aussi bien que dans celles d'Atwater dont j'ai parlé jusqu'ici, l'animal ou l'homme sur lequel on opérait était au repos. Mais si l'homme ou l'animal viennent à produire un travail notable, quelle est la source de ce travail?

Déjà Lavoisier et Seguin avaient montré que les échanges respiratoires et par suite les combustions de l'organisme augmentent lorsque l'homme entre en activité.

Après que Mayer eut formulé son principe de transformations de l'énergie et que Joule eut déterminé l'équivalent mécanique de la chaleur, la question se posa de savoir si les faits observés conservaient toute leur valeur chez les êtres organisés.

En d'autres termes, il fallut savoir si, lorsque l'homme ou les animaux fournissent du travail, c'est aux dépens d'une certaine quantité de chaleur équivalente qui aurait apparu, l'homme ne travaillant pas et toutes choses restant égales d'ailleurs.

Béclard fut un des premiers à se préoccuper de la solution expérimentale de ce problème.

Divers expérimentateurs, entre autres Becquerel et Breschet[1], avaient montré à l'aide d'aiguilles thermo-électriques enfoncées dans le muscle que tout muscle qui se contracte s'échauffe. Par suite de son activité il s'y dégage une certaine quantité de chaleur du fait de l'augmentation des combustions qui accompagnent cette activité. Béclard partit de là pour se demander comment les choses se passaient suivant que la mise en activité du muscle était ou non accompagnée de travail extérieur produit.

Les premières expériences de Béclard furent tentées sur la grenouille au moyen d'aiguilles thermo-électriques de forme spéciale qu'il enfonçait dans le muscle. Mais les résultats obtenus ne lui paraissant pas satisfaisants il résolut d'opérer sur l'homme. Vu la multiplicité des déterminations à faire, il ne pouvait être question d'aiguille à enfoncer à travers la peau, personne ne se serait prêté à ces recherches; il fallut alors revenir à une technique différente.

Le sujet soumis à l'expérience était commodément assis, le coude droit au corps, l'avant-bras fléchi de façon a être tenu à peu près horizontalement.

La cuvette d'un thermomètre très sensible était fixée contre la peau du bras au niveau du biceps, maintenue par une bande en flanelle faisant une dizaine de fois le tour du bras de façon à restreindre le plus possible les pertes de chaleur. Au bout d'un certain temps le thermomètre se mettait en équilibre. A ce moment le sujet saisissait la

1. Becquerel et Breschet, *Premier mémoire sur la chaleur animale*, *Ann. de Chim. et de Phys.*, 2ᵉ série, t. LIX, 1835, p. 113-136.

poignée d'un poids placé à porté de sa main et le soulevait d'une certaine hauteur. Un dispositif approprié permettait de faire redescendre le poids sans que la main qui le suivait ne le soutienne. Arrivé au bas de sa course, le poids était de nouveau soulevé comme la première fois et ainsi de suite pendant cinq minutes. Le sujet se réglait d'ailleurs sur un métronome pour mettre une seconde à lever le poids, une autre seconde étant employée à la descente. Une petite éducation préalable permettait de réaliser ces mouvements très régulièrement.. Au bout de cinq minutes le sujet avait donc exécuté un travail équivalent à l'élévation de poids à une hauteur mesurée par le produit d'une élévation par le nombre des opérations. Le sujet avait soulevé le poids 150 fois; si chaque élévation correspondait à 0,16 cent., cela faisait 24 mètres et si le poids était de 1 kilogr., le travail fourni était de 24 kilogrammètres. On lisait le thermomètre quand il était arrivé à son excursion maxima. Telle était la première partie de l'expérience, on passait à la seconde partie après un repos convenable du sujet. Cette fois le sujet se contentait de contracter son bras pour soutenir le poids à mi-hauteur des limites de déplacement de l'expérience précédente pendant une seconde sans le soulever, puis venait une seconde de repos, et ainsi de suite pendant cinq minutes. Le muscle se contractait donc pendant le même temps que dans l'expérience précédente, mais il ne fournissait pas de travail extérieur. On lisait l'excursion maxima du thermomètre.

Béclard trouva ainsi que, dans le premier cas, il y avait une excursion du thermomètre plus faible que dans le second, ce qu'il expliquait en disant que, dans le premier cas, une partie de la chaleur s'était transformée en travail.

Dans une seconde série d'expériences, le sujet maintenait le poids à une hauteur déterminée pendant cinq minutes, et on lisait l'ascension du thermomètre. Puis, après un repos suffisant, le sujet soulevait le poids et le laissait redescendre en continuant à le soutenir à la montée comme à la descente, de part et d'autre, et le faisant osciller de bas en haut et de haut en bas, du point de soutien de l'expérience précédente.

Dans ce cas Béclard constatait que le thermomètre donnait les mêmes indications, que le poids soit soutenu ou alternativement élevé et abaissé autour du point de soutien. Cela tenait d'après lui à ce que le travail exécuté par le sujet était le même à la montée et à la descente; mais de sens contraire dans ces deux cas. A la montée le sujet dépensait du travail que le poids rendait à la descente; en se reportant à ce qui a été dit précédemment, on comprend que les effets devaient s'annuler. Malheureusement Béclard s'était laissé guider par des idées préconçues, et ne trouvant pas toujours dans ses expériences ce qu'il en attendait avait éliminé celles qui ne lui convenaient pas pour garder uniquement celles qui le satisfaisaient. Hélas! il avait éliminé les bonnes et gardé les mauvaises. Le raisonnement de Béclard suppose en effet que, dans deux expériences comparatives, les combustions intra-musculaires restent les mêmes.

Prenons, par exemple, la dernière série. Le sujet soutient simplement le poids, ou il le soulève et l'abaisse alternativement. Si, dans les deux cas, les combustions intra-musculaires sont les mêmes, il est évident que la température du muscle s'élèvera de la même quantité, puisque, finalement, le muscle n'a fourni aucun travail extérieur et n'a eu aucune dépense à faire. Mais nous savons aujourd'hui qu'il n'en est pas ainsi; comme nous le verrons plus tard, Béclard aurait dû observer une plus grande excursion du thermomètre dans le second cas que dans le premier.

De même, dans la première série, si les combustions

dans le muscle étaient restées constantes, il est bien certain que, fournissant du travail en soulevant un poids, il aurait dû s'échauffer moins qu'en ne faisant aucune dépense et le soutenant simplement. Mais en réalité dans le premier cas les combustions sont toujours plus actives que dans le second, il y a deux causes produisant des effets inverses et, *a priori*, nous ne pouvons prévoir celle qui l'emportera. Ces expériences ne peuvent donc en aucune façon nous renseigner sur la valeur du principe de l'équivalence chez les êtres organisés.

Les expériences de Béclard sont radicalement fausses dans leur essence même, ce qui ne les a pas empêchées de rester classiques. Je les ai décrites pour bien montrer où est leur point faible et pour faire mieux comprendre les expériences réellement probantes.

En 1861 parurent les expériences de Hirn, que Béclard considère comme confirmatives des siennes et qui, en réalité, en diffèrent complètement.

Hirn[1] a très bien compris la question et vu comment le problème devait être posé.

« Pour atteindre notre but d'une manière scientifique, dit-il, nous devons chercher non seulement quelle est la somme de chaleur qui se produit effectivement dans chaque condition donnée, mais encore celle qui pourrait et devrait se produire si le travail n'apportait pas de modifications dans l'acte de la calorification. »

Il s'agissait donc de faire exécuter à un homme un certain travail de valeur bien déterminée, de connaître la chaleur qui se dégage pendant cette opération, et, de plus, d'évaluer la quantité de chaleur qui aurait réellement dû se produire pour les mêmes combustions de l'organisme. La différence entre ces deux quantités de chaleur représente ce qui a disparu et doit se retrouver dans le travail

1. *Théorie mécanique de la chaleur* (première partie), t. I, 3ᵉ édition, 1875, Gauthier-Villars, Paris, p. 27-53.

suivant le principe de l'équivalence. Examinons la façon dont Hirn a résolu ces divers problèmes.

1. La production du travail s'obtenait par l'ascension d'un escalier; en multipliant le poids du sujet par la hauteur dont il s'était élevé dans un temps donné, on avait le nombre de kilogrammètres qu'il fournissait. Pratiquement, comme l'expérience devait durer assez longtemps pour que les effets en soient manifestes, il fallait user d'un artifice, l'escalier ne pouvant avoir une hauteur suffisante. Hirn le remplaça par une roue munie de gradins à sa périphérie, et mise en rotation par une machine à vapeur, le sujet gravissait les gradins sur la partie descendante de la roue. Il restait ainsi en place dans l'espace tout en dépensant le même travail qu'en montant sur un escalier fixe avec la vitesse que les gradins mettaient à descendre. On avait donc ce travail en multipliant le poids du sujet par le déplacement des gradins. Ce déplacement se calculait facilement connaissant le nombre de tours de la roue, son rayon et la durée de l'expérience.

2. Pour mesurer la chaleur dégagée pendant le temps de l'opération, Hirn installa sa roue à gradins dans une guérite en planches bien close, et placée dans une grande chambre dont la température fut maintenue constante. La température s'élevait peu à peu dans la guérite, mais au bout d'un certain temps elle restait constante, c'était quand la chaleur fournie dans l'unité de temps par le sujet était exactement compensée par celle qui se perdait à travers les parois. On notait la différence de température entre l'intérieur et l'extérieur de la guérite et on remplaçait le sujet par un bec d'hydrogène pur dont le débit était mesuré par un compteur. On connaissait la production de chaleur, sachant combien la combustion d'un litre d'hydrogène fournit de calories. On obtenait ainsi un nouvel équilibre correspondant à une certaine

différence de température. Comme on peut admettre, d'après les lois de la propagation de la chaleur, que les excès de température de la guérite sur la salle sont proportionnelles aux quantités de chaleur dégagées à l'intérieur de cette guérite, une simple proportion donnait le nombre de calories fournies par le sujet dans l'unité de temps.

3. Mais le point le plus difficile à résoudre était de savoir combien le sujet aurait dû dégager de calories, en admettant que tout le résultat des combustions de l'organisme apparaisse uniquement sous forme de chaleur. Hirn basa son évaluation sur la quantité d'oxygène consommée. Le sujet respirait à travers un appareil à soupapes et lançait l'air expiré dans un gazomètre. Le volume de ce gazomètre et l'analyse de l'air qu'il contenait à la fin permettaient de connaître la quantité d'oxygène absorbé par le sujet. En faisant simultanément la mesure de la chaleur dégagée dans la guérite par le sujet au repos et la mesure de l'oxygène consommé, Hirn en déduisit que 1 gramme d'oxygène correspondait à 5,22 calories environ.

Si la nature des produits brûlés dans l'organisme était toujours la même, à l'état de repos comme à l'état de travail, la même quantité d'oxygène consommé donnerait toujours lieu au même dégagement de chaleur, 1 gramme d'oxygène correspondrait toujours à 5,22 calories. Ceci n'est pas évident, même pour un sujet alimenté toujours de la même façon. Quoi qu'il en soit, Hirn l'admit, et quand, dans une expérience quelconque, il voulait connaître la chaleur qui devait se dégager par suite des combustions intraorganiques, il déterminait le poids d'oxygène consommé par le sujet et multipliait ce poids exprimé en grammes par 5,22.

Ceci étant, prenons une expérience de Hirn.

Le sujet fournissait par heure 27 448 kilogrammètres.

La quantité d'oxygène absorbé fut de 131 gr. 74, ce qui correspond à 131 gr. 74 $\times$ 5,22 $=$ 687,68 calories que l'on aurait dû trouver si l'homme était resté au repos. En réalité, le calorimètre n'accusa que 251 calories. Il avait donc disparu 687,68 $-$ 251 $=$ 436,68 calories. Il y avait eu production de travail aux frais de la chaleur ; d'après les divers auteurs nous savons que ces 436,68 calories correspondent à 436,68 $\times$ 425 $=$ 185 589 kilogrammètres au lieu de 27 448. L'écart est énorme, et de deux choses l'une : ou bien le coefficient de transformation de chaleur en travail mécanique dans l'organisme humain n'était pas 425, ou bien les déterminations de Hirn étaient entachées d'une erreur considérable, qui se conçoit du reste aisément, étant donnée la complexité de l'expérience qu'il avait dû faire sans aucun aide pour ainsi dire.

Parmi les causes d'erreur de l'expérience de Hirn il y en a une qui me paraît fort probable. 131 gr. 74 d'oxygène absorbé par heure me paraît énorme, sans doute la soupape était mal ajustée à la bouche du sujet, il y avait une fuite et l'oxygène perdu par cette soupape était compté comme absorbé par le sujet. Un homme de 70 kilogrammes consomme en effet, en moyenne, environ 25 grammes d'oxygène par heure.

Malgré cela, Hirn put établir un fait que la théorie devait faire prévoir. Si, au lieu de gravir un escalier et de s'élever, un homme le descend, au lieu de rayonner moins de chaleur à combustion égale il doit en rayonner davantage. Hirn en faisant tourner sa roue en sens inverse de la première expérience, ce qui eût élevé le sujet s'il n'était à mesure descendu cet escalier mouvant, trouva un excédent de calories sur celui que lui avait donné le calcul en partant de l'oxygène consommé.

Hirn a eu l'immense mérite de bien poser le problème et d'indiquer une ligne à suivre pour le résoudre, mais son matériel était trop imparfait et ses résultats sont mauvais, comme on vient de le voir.

Chauveau a repris la question et s'est spécialement attaché à bien démontrer que, lorsque l'homme gravit la roue de Hirn, la chaleur dégagée est inférieure à celle que devraient produire les combustions intra-organiques, tandis que le contraire se rencontre quand l'homme descend la roue de Hirn. L'égalité a lieu pour le repos, comme nous le savons par les travaux de Rübner et d'Atwater.

Chauveau avait disposé deux roues de Hirn calées sur un même arbre horizontal. L'une de ces roues était à l'intérieur d'un calorimètre, l'autre à l'extérieur, l'arbre qui les portait traversait la paroi. Au lieu de mettre les roues en mouvement à l'aide d'un moteur, comme le faisait Hirn, c'était le sujet lui-même qui les faisait tourner en gravissant les échelons, et, pour ne pas leur permettre de prendre un mouvement accéléré, un ruban d'acier passant autour de la jante d'une des roues formait frein. Lorsque la roue devait tourner en sens inverse, le sujet étant en descente, c'était un autre opérateur plus lourd qui montait sur la roue jumelle et mettait l'appareil en mouvement.

La chaleur due aux combustions de l'organisme était calculée comme dans le cas de l'expérience de Hirn d'après l'oxygène consommé.

Dans une série d'expériences le sujet faisant l'ascension de la roue de Hirn à l'intérieur du calorimètre, et le frein agissant sur la roue extérieure, ce calorimètre accusa un dégagement de chaleur de 193 calories par heure. Le travail fourni était équivalent à 68 calories. Les combustions intra-organiques calculées d'après la consommation d'oxygène auraient dû être $193 + 68 = 261$ calories, or le calcul donna 257 : l'écart n'est pas bien considérable. Dans une seconde série d'expériences le sujet descendait la roue de Hirn et le travail qu'il rendait ainsi était encore équivalent à 68 calories; comme on en trouvait 164 en tout au calorimètre, la part relative aux combustions intraorganiques devait être $164 - 68 = 96$. Or le calcul, en partant des consommations d'oxygène, donna 125, c'était moins bon que dans l'expérience précédente.

Les phénomènes observés étaient donc bien dans le sens prévu par le principe de Mayer, c'est-à-dire qu'en considérant la chaleur produite par les combustions intra-organiques il y avait un déficit quand le sujet fournissait du travail et au contraire un gain quand il en absorbait, mais les valeurs numériques trouvées n'étaient pas satisfaisantes, on ne trouvait pas le rapport constant 425 entre le nombre de kilogrammètres produits ou disparaissant et le nombre de calories fournies ou dégagées.

Ces écarts pouvaient tenir à des imperfections dans les méthodes calorimétriques, à une mauvaise évaluation de la chaleur de combustion intra-organique, ou à ce que, dans les expériences de Chauveau, les périodes n'étaient pas assez longues. Les déterminations d'échanges gazeux ne portaient pas sur tout le séjour dans le calorimètre, mais étaient tirées d'expériences spéciales ne durant que deux minutes. Elles étaient ramenées à l'heure par le calcul.

De plus le sujet, à jeun au moment de l'expérience, était censé ne brûler que de la graisse, et la chaleur de combustion intraorganique fut obtenue en multipliant chaque gramme d'oxygène absorbé par 4,6, chaleur de combustion de la graisse.

C'est encore Atwater qui, grâce à sa magnifique installation, put donner la solution complète du problème et démontrer avec précision que le principe de l'équivalence est vrai pour les phénomènes de l'organisme vivant comme pour les actions mécaniques du monde inorganique, et que le coefficient de transformation est rigoureusement le même dans les deux cas.

Voici la description d'ensemble des expériences d'Atwater. Plaçons un homme dans le calorimètre et, au lieu de le laisser au repos, faisons-lui exécuter un travail considérable. Dans l'espèce le sujet, qui séjournait, comme nous l'avons déjà dit, plusieurs jours dans le calorimètre, faisait, dans la série d'expériences avec travail fourni, jusqu'à huit heures par jour de bicycle fixe. Nous allons voir qu'il est inutile d'évaluer ce travail en kilogrammètres. Toutes les entrées et sorties de l'organisme, aliments, urine, fèces, acide carbonique, etc., étaient mesurées comme dans les autres expériences. On connaissait donc la chaleur que pouvaient fournir les combustions intraorganiques. Une partie de cette chaleur était transmise au calorimètre, mais, si le principe de Mayer s'applique, une autre partie devait retrouver son équivalence dans le travail musculaire, une calorie disparaissant pour fournir 425 kilogrammètres. Au lieu d'évaluer ce travail, transformons-le en chaleur à l'intérieur même du calorimètre, c'est-à-dire mettons un frein de nature quelconque sur le bicycle, il y aura annulation de travail, et ici nous ne sommes plus dans le monde organique, nous savons que chaque disparition de 425 kilogrammètres nous rendra une calorie, nous retrouverons toute la chaleur. Autrement dit, si le principe de Mayer est vrai pour l'organisme vivant, la chaleur qui lui fait défaut se sera transformée en travail pour subir ensuite la transformation inverse sur le frein. Si, au contraire, le principe de Mayer ne s'appliquait pas à l'organisme; si, par exemple, 1 calorie faisant défaut permettait de produire 850 kilogrammètres, en détruisant ces 850 kilogrammètres sur un frein ils nous rendraient 2 calories, on trouverait dans le calorimètre 1 calorie de plus que ne le veut la combustion pour chaque 850 kilogr. produits sur le bicycle. Si, au contraire, 1 cal. donnait moins de 425 kilogrammètres, on trouverait moins de chaleur que n'en produisent les combustions. Dans les expériences d'Atwater, le sujet fournissant un travail énergique pendant huit heures de la journée, s'il se passait quelque chose d'analogue à ce que nous venons de signaler, certainement l'écart n'échapperait pas aux mesures si précises qui ont été faites par Atwater. Voici le résultat d'ensemble de 14 expériences ayant duré en tout 46 jours. Le total des entrées fut de 235 497 cal. et le total des sorties de 235 507. Ce qui fait un écart d'environ 1/20 000. Ces expériences ont porté sur quatre sujets différents.

On conçoit qu'avec une expérience installée sur une aussi vaste échelle, la moindre différence entre le coefficient de transformation dans l'organisme et celui de Joule aurait pu être mise en évidence.

Le principe de Mayer sur la conservation de l'énergie peut donc être considéré aujourd'hui comme établi dans toute sa généralité aussi solidement que le principe de Lavoisier sur la conservation de la matière.

Il y a un point sur lequel il est nécessaire d'attirer l'attention. Quand le sujet passe du repos au travail, il y a augmentation des combustions intraorganiques, la chaleur qui se produit ainsi en excédent n'est pas tout entière consacrée à produire du travail. Prenons les expériences d'Atwater comme exemple. Au repos le sujet fournissait environ 2 360 calories, en moyenne. Quand il travaillait sur le bicycle fixe, il en produisait environ 5 140, c'est-à-dire 2 780 de plus qu'à l'état de repos. Or de ces 2 780 calories, un cinquième seulement était converti en travail donnant par suite $556 \times 425 = 236\,300$ kilogrammètres, le reste $2\,780 - 556 = 2\,224$ apparaissait sans transformation sous forme de chaleur qui s'ajoutait aux 2 360 calories de repos.

C'est là un fait très important, l'homme qui travaille

produit plus de chaleur que celui qui reste au repos, parce qu'il ne convertit pas en énergie mécanique tout l'excédent de chaleur résultant de l'augmentation des combustions intraorganiques.

Nous voici donc arrivés à ce point. L'origine de toute l'énergie fournie par les animaux, que ce soit de la chaleur rayonnée ou du travail mécanique produit, se trouve dans la combustion des aliments aux dépens de l'oxygène de l'air. La respiration n'a pas pour but de rafraîchir le corps comme le pensait Aristote, ce n'est pas une source de froid, mais une source de chaleur, et l'organisme ne produit pas cette chaleur de toutes pièces par l'acte vital, le corps des êtres vivants ne crée rien, il n'opère que des transformations [1].

Mais quand je dis que l'homme et les animaux trouvent leur source d'énergie dans la combustion des aliments, je puis laisser place à un malentendu cause déjà de bien des discussions, Les aliments ne brûlent pas dans le corps des êtres vivants comme ils le feraient dans une flamme, par exemple, ou dans le calorimètre de Berthelot. Ils subissent toute une série de transformations, dédoublements, hydratations, etc., sur la nature desquels nous sommes très imparfaitement renseignés. Mais tenant compte de leur état initial à l'entrée de l'organisme et de leur état final à la sortie, nous pouvons déterminer la

---

1. Divers auteurs ont pensé que l'on se donnait une peine inutile pour démontrer que le principe de Lavoisier et le principe de Mayer conservaient toute leur valeur chez les êtres vivants. Cette manière de voir, que je ne partage pas, pouvait à la rigueur être prise en considération il y a quelques années, alors que ces principes étaient considérés par les physiciens et les chimistes comme des vérités absolues. Mais aujourd'hui, après la découverte des substances radio-actives, il n'était pas, *a priori*, absurde de rechercher si une partie de l'énergie nécessaire à l'organisme n'était pas mise en liberté par une désintégration de certaines matières absorbées dans nos aliments, et distincte des réactions chimiques habituelles. Les travaux de Rubnor et d'Atwater nous montrent que si un pareil phénomène existe, il ne contribue que pour une minime partie, celle qui échappe à la précision de ces recherches, à la production de la chaleur animale et du travail musculaire.

quantité de chaleur libérée par eux, d'après les principes posés par Berthelot, et sans connaître les états intermédiaires. En particulier, si nous prenons les graisses et les hydrates de carbone, qui sont rendus à l'état d'acide carbonique et d'eau, et dont l'état final est par suite le même que celui qui résulterait d'une combustion dans l'oxygène, nous pouvons dire que ces corps ont joué vis-à-vis de la production de chaleur le même rôle que s'ils avaient directement brûlé dans l'organisme. Ceci est vrai du moins chez les mammifères, il se peut, il semble même démontré que chez les invertébrés l'élaboration est moins profonde et consiste, en partie, en simples dédoublements des substances alimentaires sucrées ou grasses. Pour les albuminoïdes il n'en est pas tout à fait de même, puisque nous savons qu'ils subissent une transformation incomplète, leur azote étant rendu à l'état d'urée.

Quelle que soit la nature des aliments absorbés par les animaux, les substances qu'ils contiennent sont transformées en produits plus simples, urée, acide carbonique et eau.

Ces aliments sont tous tirés directement ou indirectement du monde végétal. Pour les herbivores cela est évident, pour les carnivores cela ne l'est guère moins puisqu'ils mangent les premiers. Tous les animaux ne vivent donc qu'aux dépens des graisses, hydrates de carbone, albuminoïdes et autres substances des plantes.

A ce jeu les substances alimentaires végétales auraient bientôt disparu de la surface de la terre, qui serait encombrée de vapeurs d'eau et d'acide carbonique, si un des mécanismes les plus admirables ne venait y porter remède.

Dans leur développement les plantes peuvent produire précisément les phénomènes inverses de ceux que nous venons de décrire chez les animaux.

Déjà Priestley avait montré que les plantes peuvent rendre ses propriétés premières à l'air vicié par la combustion d'une chandelle ou la respiration d'un animal, mais toujours sous l'empire du phlogistique il ne put comprendre pourquoi, ou plutôt, dans sa pensée, les plantes déphlogistiquaient l'air phlogistiqué par la flamme.

Lavoisier avait compris toute l'importance du phénomène, aussi, en 1789, en avait-il proposé l'étude comme sujet d'un prix à décerner par l'Académie :

« Les végétaux puisent dans l'atmosphère qui les environne, dans l'eau et, en général, dans le règne minéral, les matériaux nécessaires à leur organisation.

« Les animaux se nourrissent ou de végétaux ou d'autres animaux qui ont été eux-mêmes nourris de végétaux, en sorte que les matériaux qui les forment sont toujours en dernier résultat tirés de l'air et du règne minéral.

« Enfin la fermentation, la putréfaction et la combustion rendent perpétuellement à l'air de l'atmosphère et au règne minéral les principes que les végétaux et les animaux en ont empruntés.

« Par quels procédés, etc., etc. »

Lavoisier posait donc nettement le problème de la circulation de la matière, mais il ne semble pas avoir bien vu le rôle différent joué par les végétaux et les animaux et signalé par Priestley. Quant à la question de la circulation de l'énergie, elle lui échappait complètement, et pour cause.

Aujourd'hui cet admirable problème d'équilibre est entièrement élucidé.

Les animaux absorbent l'oxygène de l'air et brûlent les matériaux de leur alimentation, ils accomplissent des phénomènes d'analyse avec dégagement de chaleur. Ils mettent en liberté l'énergie qui se trouvait à l'état potentiel dans les substances ingérées.

Les plantes se comportent en partie comme les animaux, mais à côté de cette fonction s'en trouve une autre dont l'action est prédominante et qui consiste en phénomènes de synthèse, à l'aide desquels les substances décomposées par les animaux se reconstituent.

Parmi ces phénomènes l'un des plus importants est la fonction chlorophylienne, grâce à laquelle l'acide carbonique de l'air est décomposé avec émission d'oxygène et fixation de carbone chez la plante sous forme d'amidon.

Lorsque dans le corps des animaux l'amidon brûle en absorbant de l'oxygène et émettant de l'acide carbonique, il y a mise en liberté d'énergie sous forme de chaleur ou de travail mécanique.

D'autre part, quand chez les plantes l'opération inverse se fait, il y a absorption d'énergie sous forme potentielle. La fonction chlorophylienne ne peut se faire en effet que sous l'action de la lumière, en particulier sous l'action de la lumière solaire. C'est l'énergie des radiations solaires qui est emmagasinée par la plante pendant la synthèse de l'amidon, et elle y restera à l'état potentiel jusqu'au moment où elle sera libérée par la combustion dans la flamme ou dans l'organisme.

On voit dès lors le cycle que décrivent et la matière et l'énergie, toutes deux restant en quantité constante, se transformant seulement, des synthèses se faisant dans les plantes avec emmagasinement de l'énergie solaire qui passe à l'état potentiel, puis des analyses ayant lieu chez les animaux avec libération de cette énergie à l'état de chaleur ou de travail mécanique, le tout recommençant indéfiniment, ou plutôt aussi longtemps que le foyer solaire nous enverra l'énergie nécessaire à la fonction chlorophylienne.

INFLUENCE DES CONDITIONS D'EXISTENCE
SUR LES ÉCHANGES RESPIRATOIRES
ET LES COMBUSTIONS INTRAORGANIQUES

Tous les animaux, quel que soit le degré de l'échelle des êtres auquel ils se trouvent, consomment de l'oxygène, émettent de l'acide carbonique et produisent de la chaleur. Mais l'intensité de ces phénomènes est plus ou moins accusée suivant un grand nombre de conditions tenant soit à l'individu, soit au milieu dans lequel ils vivent.

Il faut avant tout, au point de vue qui nous occupe, diviser les animaux en deux grandes classes, les animaux à température variable ou poïkilothermes, et les animaux à température constante ou homéothermes.

Les premiers suivent sensiblement toutes les fluctuations de la température du milieu où ils se trouvent, se tenant généralement un peu au-dessus, plus ou moins suivant les espèces; les seconds sont plus indépendants des variations ambiantes et conservent une température remarquablement fixe, ou du moins ne variant que dans d'étroites limites, périodiquement dans la journée suivant l'état de repos, d'activité, de sommeil et d'alimentation.

Cette fixité de la température chez un homéotherme est obtenue grâce à la balance des gains et des pertes. Les gains proviennent des combustions intra-organiques, les pertes sont dues à la chaleur entraînée par les gaz de la respiration qui quittent le corps, en général du moins, à une température plus élevée que celle à laquelle ils y pénètrent, au rayonnement, à la vaporisation de l'eau dans le poumon ou de la sueur à la surface du corps, à la production du travail mécanique.

Lorsque, par suite d'une perte plus grande, la nécessité d'une plus grande production de chaleur se fait sentir pour maintenir la température du corps constante, les combustions intra-organiques augmentent. Les physiologistes ne sont pas encore parfaitement d'accord sur les conditions de cet accroissement, ainsi qu'on le verra plus loin. En même temps que les sources de gain deviennent aussi plus importantes, les pertes diminuent généralement, la circulation de la peau se restreint, il y a un moindre rayonnement et la vaporisation d'eau baisse.

Inversement, quand la température du corps tend à s'élever, sauf dans les cas pathologiques, la sudation et la vaporisation à la surface de la peau augmentent, les capillaires périphériques se dilatent, la peau se congestionne, le rayonnement s'accroît.

C'est du jeu automatique de cet accroissement ou de cette diminution des gains et des pertes réglé par le système nerveux que résulte la constance de la température des homéothermes.

Il faut faire une place à part aux hibernants. Ces animaux, dont le type est la marmotte, se comportent pendant la belle saison comme des homéothermes, mais en hiver leur régulateur cesse de fonctionner, ils se comportent d'une façon analogue aux poïkilothermes, leur température propre tombe, ils entrent dans ce que l'on nomme le sommeil hibernal et dès lors suivent les fluctuations du milieu ambiant. Toutefois, si par suite d'un froid extrême la marmotte descend au-dessous de 6° environ, la vitalité de ses tissus est mise en péril, et le réveil pare à ce danger, l'animal se met en mouvement, les combustions intra-organiques s'accroissent et la température se relève.

Le fait de se maintenir à un niveau plus élevé que le milieu extérieur nécessite chez l'homéotherme une intensité de combustions notablement supérieure à celle du poïkilotherme. Il suffira, pour en donner une idée, de mentionner que la grenouille émet environ de 20-30 centimètres cubes d'acide carbonique par kilo–heure, tandis que l'homme en fournit à peu près dix fois plus. Le détail des résultats nombreux obtenus sur les divers animaux n'a pas sa place ici, il est rapporté dans divers ouvrages [1].

Indépendamment de toute autre cause, les combustions intra-organiques et les échanges gazeux chez les poïkilothermes sont notablement influencés par les changements de saison. C'est ce qui ressort du travail d'Athanasiu [2] sur la grenouille, quoique ses expériences ne soient pas absolument comparables, les unes ayant été faites sur Rana fusca, les autres sur Rana esculenta, et la température extérieure n'étant pas restée constante. C'est aussi ce qui a été mis en évidence par Burker [3], qui a montré que le travail musculaire de la grenouille n'entraîne pas les mêmes combustions suivant les diverses périodes de l'année.

Les recherches concernant l'influence de l'âge des

---

1. Il y a une table assez complète dans *Text book of Physiology* de E.-A. Schäfer, vol. I, Art. M. S. Pembrey, Chemistry of Respiration, p. 692-784, et Art. M. S. Pembrey, Animal Heat, p. 785-867.

2. J. Athanasiu, Ueber den Respirationswechsel des Frosches in den verschiedenen Jahreszeiten, *P. A.*, Bd. LXXIX, 1900, p. 400-422.

3. K. Bürker, Experimentelle Untersuchungen über Muskelwärme, Methodik, Vorversuche, Einfluss der Jahreszeit auf die Wärmeproduktion, Wirkungsgrad des Muskels, *P. A.*, Bd. CIX, 1906, p. 217-276, 4 planches. — K. Bürker, Experimentelle Untersuchungen zur Thermodynamik des Muskels Methodik, Einfluss der Jahreszeit auf das thermodynamische Verhalten männlicher und weiblicher Muskeln, Adduktoren und Gastrocnemiuspräparat, Effekt bei verschiedenartiger Reizung, Wärmebildung im Stadium der sinkenden Energie, *P. A.*, Bd. CXVI, 1907, p. 1-111, avec 8 figures et 6 planches.

animaux sur la grandeur des échanges respiratoires et la chaleur produite sont relativement peu nombreuses.

Il résulte des mesures d'échanges gazeux d'Andral et Gavarret [1], de Scharling [2] et de Speck [3] que, d'une façon générale, les combustions sont plus actives dans le jeune âge que chez l'adulte et le vieillard. Langlois [4] est arrivé aux mêmes conclusions par des déterminations calorimétriques. Sondèn et Tigerstedt [5] d'une part, Magnus Lévy et Falk [6] de l'autre, ont donné une grande extension à ces recherches et ont en somme confirmé les résultats de leurs prédécesseurs.

Jusqu'ici l'accord règne entre les divers expérimentateurs, il n'en est plus de même pour le cas spécial du nourrisson. D'un côté nous avons les chiffres de Schérer [7], de Forster [8], de Rubner et Heubner [9], d'après lesquels les échanges respiratoires commencent par augmenter dans les premiers jours de la vie, ces expériences ayant porté

1. Andral et Gavarret, Recherches sur la quantité d'acide carbonique exhalé par le poumon dans l'espèce humaine, *Ann. de chim. et de phys.*, 3ᵉ série, t. VIII, 1843, p. 129-151, 1 pl.

2. E.-A. Scharling, Recherches sur la quantité d'acide carbonique expiré par l'homme dans les vingt-quatre heures, *Ann. de chim. et de phys.*, 3ᵉ série, t. VIII, 1843, p. 478-497.

3. Speck, *Physiologie des menschlichen Athmens.* Leipzig. F. C. W. Vogel, 1892.

4. P. Langlois, Contribution à l'étude de la calorimétrie chez l'homme, *Travaux du laboratoire de Richet*, t. I, p. 279-352.

5. K. Sondèn und R. Tigerstedt, Untersuchungen über die Respiration und der Gesamtstoffwechsel des Menschen, *Skand. Archiv f. Physiologie*, Bd. VI, 1895, p. 1-224.

6. Magnus Lévy und Falk, Der Lungengaswechsel des Menschen in Verschiedenen Altersstufen, *Arch. f. Physiologie*, Suppl., 1899, 314-381.

7. Scherer, Die Respiration des Neugeborenen und Sauglings, *Jahrb. f. Kinderheilk.*, N. F., Bd. XLIII, 1896, p. 471-497, 1 Tafel.

8. Forster, d'après Magnus Lévy et Falk.

9. Die natürliche Ernährung eines Saüglings. Nach gemeinsam mit Dʳ Bendix, Dʳ Winternitz und Dʳ Wolpert angestellten Versuchen mitgetheilt von Max Rubner und Otto Heubner, *Zeitsch. f. Biol.*, Bd. XXXVI, 1898, p. 1-55.

Die Künstliche Ernährung eines normalen und eines atrophischen Saüglings. Nach gemeinsam mit Dʳ Bendix, Dʳ Spitta und Dʳ Wolpert augestellten versuchen mitgetheilt von Max Rubner und Otto Heubner, *Zeitsch. f. Biol.*, Bd. XXXVIII, 1899, p. 315-398.

sur l'enfant au sein ou allaité au lait de vache. D'autre part se trouvent les résultats contradictoires de L. Mayer[1], qui semblent montrer que chez le cobaye, le poulet et le canard, il y a des combustions très actives dès la naissance, avec une chute très rapide, puis de plus en plus lente à mesure que le sujet avance en âge.

Cette question de l'influence de l'âge sur les combustions est compliquée par celle de la taille du sujet en expérience. La première idée qui vienne à l'esprit est de rapporter les grandeurs d'acide carbonique rendu, d'oxygène absorbé et de chaleur produite au poids des animaux et à l'unité de temps, à ce que l'on appelle le kilogramme-heure. Mais dès longtemps on s'est aperçu que, pour des animaux comparables entre eux, par exemple des chiens de diverse taille, l'intensité des effets observés et rapportés au kilogramme-heure croissait lorsque la taille diminuait.

Bergmann le premier a donné de ce fait une explication rationnelle que l'on peut résumer ainsi. A poids égal, un lot d'animaux a une surface d'autant plus grande que la taille de chaque individu est moindre. Prenons un bloc de sucre, ayant une certaine surface, brisons-le en deux, le poids n'aura pas changé, mais la surface de contact du sucre avec l'atmosphère aura augmenté de deux fois l'aire de la cassure. Ce phénomène ira en s'accusant de plus en plus à mesure que l'on fragmente le bloc. Donc à poids égal on a une surface libre d'autant plus importante que les corps composants sont plus petits. Prenons 100 kilogr. de chiens, la surface libre de ces 100 kilogr. sera d'autant plus grande que les chiens seront plus petits. Comme c'est par leur surface libre que les animaux per-

---

1. L. Mayer, Sur les modifications du chimisme respiratoire avec l'âge, en particulier chez le cobaye, *C. R. A. S.*, t. CXXXVII, 1903, p. 137-139. — L. Mayer, Sur les modifications du chimisme respiratoire avec l'âge, en particulier chez le poulet et le canard, *Trav. de l'Instit. Solvay*, Bruxelles, t. VI, 1906, p. 173-178.

dent leur chaleur, à poids égal les petits chiens perdent plus de chaleur que les gros, et pour se maintenir à la même température ils devront en fabriquer davantage, absorber plus d'oxygène et rendre plus d'acide carbonique. Il est évident que si tous les animaux avaient le même pouvoir émissif et la même température, leur perte et leur production de chaleur seraient exactement proportionnelles à leur surface. C'est là l'idée qui a été développée par divers auteurs et surtout bien établies grâce aux travaux de Richet[1] et de Rosenthal[2]. On saisit donc l'importance qu'il y a, dans les recherches sur la chaleur produite par les animaux et la grandeur de leurs échanges gazeux, à connaître la valeur de leur surface. Cette détermination n'est en général pas aisée, on se contente souvent d'appliquer la formule dite de Meeh $S = K \sqrt[3]{P^2}$ où P représente le poids de l'animal, qui n'est en réalité applicable que pour comparer les surfaces de deux volumes ou animaux semblables. Dans l'espèce humaine, où certains individus sont grands et minces, d'autres petits et gros, cette méthode est insuffisante, on a alors recours à la formule de M. Bouchard[3]. Dans ces pertes de chaleur par la surface du corps, un élément mis également en évidence par Richet est la nature du pelage. Il est évident qu'un poil rare et uni protège moins qu'une fourrure épaisse et abondante, un vêtement léger donne lieu à une plus grande déperdition qu'un vêtement épais, ce sont là des choses trop claires pour qu'il y ait lieu de s'y attarder.

1. Ch. Richet, Recherches de calorimétrie, *Archives de physiologie normale et pathologique*, 3ᵉ série, t. VI, 1885, p. 237-291.

2. J. Rosenthal, Calorimetrische Untersuchungen ueber den Einfluss der Körpergrösse auf die Wärmeproduction, *Arch. f. Physiologie*, 1889, p. 23-38.

3. Ch. Bouchard. Détermination de la surface, de la corpulence et de la composition chimique du corps de l'homme, *C. R. A. S.*, t. CXXIV, 1897, p. 844-851.

J'arrive à un point extrêmement important, dont la solution semble fort aisée et qui cependant n'est pas encore complètement élucidé aujourd'hui malgré les nombreuses recherches qu'il a provoquées. C'est l'influence de la température ambiante sur les combustions intra-organiques.

Le problème se pose d'une façon complètement différente chez les poïkilothermes et chez les homéothermes. Chez les premiers, les tissus se mettent sensiblement en équilibre avec le milieu sans que l'animal se défende contre une élévation ou un abaissement de température. Dans leur ensemble les expériences de tous les auteurs concordent, les échanges respiratoires augmentent avec la température. Cela résulte des recherches déjà anciennes de Delaroche et de Treviranus, quoique leurs méthodes fussent bien imparfaites, et dès 1822 Gaspard avait montré que l'escargot refroidi peut être conservé tout l'hiver à l'abri de l'air sous l'huile ou le mercure. Regnault et Reiset ont vu que le lézard excrète plus d'acide carbonique et consomme plus d'oxygène à chaud qu'à froid, mais leurs déterminations au nombre de trois seulement ont été faites à diverses périodes de l'année et peuvent de ce chef comporter une erreur.

Marchand[1] d'une part, Moleschott[2] de l'autre, reprirent la question sur la grenouille et arrivèrent à des résultats différents, le premier trouvant un maximum entre 6° et 14° avec une faible influence de la température quand on ne sort pas de certaines limites, une chute notable ne se produisant qu'au voisinage de 0° ou au-dessus de 30°; tandis que pour le second l'intensité des échanges serait sensiblement proportionnelle à la température.

1. R. F. Marchand, Ueber die Respiration der Frösche, *Journal für prakt. Chimie*, Bd. XXXIII, p. 129-172, 1 Tafel.

2. J. Moleschott, Ueber den Einfluss der Wärme auf die Kohlensäure ausscheidung der Frösche, *Untersuch. zur Naturlehre des Menschen und der Thiere*, Bd. II, 1857, p. 315-344.

Marchand et Moleschott employaient de mauvaises méthodes, comme l'a montré Pflüger[1]. Le procédé de Marchand comportait des erreurs dans l'absorption de l'acide carbonique, et Moleschott opérait trop rapidement. Quand il élevait la température il se dégageait de l'acide carbonique produit antérieurement à l'expérience et accumulé dans les tissus de la grenouille, acide carbonique qui n'aurait pas dû être compté comme produit pendant l'expérience; quand il abaissait la température, l'erreur inverse faussait encore les résultats.

H. Schultz[2], élève de Pflüger, fit une série de recherches avec un appareil analogue à celui de Regnault et Reiset, mais pouvant être entièrement immergé sous l'eau. Ces recherches portèrent sur Rana esculenta, les déterminations de l'oxygène sont mauvaises et ne doivent pas entrer en ligne de compte. L'acide carbonique éliminé, presque nul au voisinage de 0°, croît avec la température et devient vers 35° aussi important que chez l'homme.

Enfin nous avons les recherches récentes de Pembrey[3] et de Vernon[4]. Pour Pembrey, chez la grenouille, l'augmentation de dégagement d'acide carbonique n'est pas régulier et ne croît pour ainsi dire pas entre 9° et 20°. Au-dessus de cette dernière température il y a un accroissement soudain pour un faible écart de 1° ou 2° seulement. Vernon a opéré sur diverses espèces animales, la grenouille, le crapaud, l'orvet, l'axolotl, l'escargot, le

<hr>

1. E. Pflüger, Ueber den Einfluss der Temperatur auf die Respiration der Kaltblüter, *P. A.*, Bd. XIV, 1877, p. 73-77.

2. Hugo Schulz, Ueber das Abhängigkeitsverhältniss zwischen Stoffwechsel und Körpertemperatur bei den Amphibien, *P. A.*, Bd. XIV, 1877, p. 78-91, 1 planche.

3. M.-S. Pembrey, The reaction-time of the frog to changes of temperature, *Journ. of phys.*, vol. XVI, 1894, p. VIII.

4. H.-M. Vernon, The relation of the respiratory exchange of coldblooded animals to temperature, *Journ. of Physiol.*, vol. XVII, 1895, p. 277-292.
— H.-M. Vernon, The relation of the respiratory exchange of coldblooded animals to temperature, part II, *Journ. of Phys.*, vol. XXI, 1897, p. 443-496.

lézard, le ver de terre et la blatte. Ces divers animaux se comportent de façons différentes. Pour la blatte, les échanges croissent et décroissent régulièrement avec la température; chez le lézard et le ver de terre, au contraire, ils sont constants de 10° à 22°,5 quand on chauffe et varient lentement quand on refroidit. Le crapaud se comporte comme le lézard et le ver à la montée, les échanges diminuant lentement de 17°5 à 2° à la descente. Pour l'orvet et l'axolotl, il y a une augmentation lente à la montée de 2° à 20° puis un accroissement rapide de 20° à 30°, le phénomène étant inverse à la descente, c'est-à-dire diminution rapide de 30° à 20° et lente de 20° à 2°. L'intervalle constant est assez réduit chez la grenouille, 15°-20° à la montée et 17°,5-15° à la descente pour Rana esculenta, 12°,5-17°,5 à la montrée et 17°,5-12°,5 à la descente pour Rana temporaria. Enfin pour l'escargot il y a une croissance régulière de 2° à 20° avec échanges constants de 20°-30° et diminution régulière à la descente. Pour la grenouille curarisée, les échanges croissent régulièrement et proportionnellement à la température. Je reviendrai plus loin sur l'interprétation à donner à ces phénomènes.

Les échanges respiratoires et la chaleur produite sont fonctions de l'activité des tissus, et chez les poïkilothermes, d'une façon générale, cette activité se règle sur la température extérieure, puisque les animaux tendent à se mettre en équilibre avec elle. Tout autre est le problème chez les homéothermes, qui règlent leur température en luttant contre l'influence du milieu où ils se trouvent. Quand, à l'aide d'un artifice quelconque, on fait varier la température propre de l'homéotherme, on voit, comme chez le poïkilotherme, les échanges gazeux croître et diminuer avec elle; le fait a été bien mis en lumière par Pflüger [1].

---

1. E. Pflüger, Ueber Temperatur und Stoffwechsel der Saugethiere, *P. A.*, Bd. XII, 1876, p. 282-285.

Mais il n'en est plus de même lorsque la température du milieu variant l'homéotherme se défend en cherchant à conserver sa température fixe. Dans ces conditions, il semble que la déperdition étant d'autant plus grande, pour un même sujet, et toutes conditions étant égales d'ailleurs, que la température extérieure est plus basse, les phénomènes de combustion intra-organique, et par suite les échanges respiratoires, élimination d'acide carbonique et consommation d'oxygène, doivent être d'autant plus importants, que l'animal est dans un milieu plus froid.

Deux méthodes se présentent à nous pour contrôler ces prévisions :

a. La méthode calorimétrique consistant à mesurer la chaleur dégagée par un animal, dans un temps donné à diverses températures ;

b. La méthode gazométrique consistant à déterminer ses échanges gazeux.

L'une et l'autre ont été employées, chacune d'elles a donné des résultats très différents suivant les expérimentateurs, de sorte que ce problème si simple d'apparence est actuellement encore des plus discutés. Sa solution, malgré son importance considérable pour la physiologie générale, et malgré les nombreuses recherches dont il a été l'objet, est des moins solidement établie.

Je classerai les conclusions des divers auteurs en cinq groupes ; nous verrons ensuite comment il est possible, jusqu'à un certain point, d'expliquer le désaccord qui subsiste.

A. — Expériences basées sur la mesure des échanges respiratoires.

1° Les échanges gazeux diminuent d'une façon constante à mesure que la température s'élève.

Déjà Crawford[1] avait trouvé que la consommation d'oxygène chez un cobaye est plus active à 8° qu'à 40°; Lavoisier et Seguin étaient arrivés à la même conclusion pour l'homme à 15° et 32°.

Delaroche[2], Vierordt[3], Letellier[4] reprirent la question sur l'homme et les animaux. Vierordt trouva qu'à basse température l'homme émet plus d'acide carbonique qu'à température plus élevée, mais ses écarts ne sont pas considérables. Letellier, opérant sur divers animaux, serin, verdier, sauterelle, crécerelle, cochon d'Inde, souris, constata de plus grandes différences. A 0° la quantité d'acide carbonique éliminée est environ le double de ce qu'elle est entre 30° et 40°. A la température moyenne des appartements, 15°-20°, on trouve les chiffres intermédiaires entre les précédents.

D'après Rœhrig et Zuntz[5], tout refroidissement de la peau provoque l'excitation de nerfs centripètes donnant lieu à un réflexe et à une augmentation des combustions dont le siège principal est dans les muscles. Cette augmentation se traduit par un accroissement de l'oxygène absorbé et de l'acide carbonique excrété.

A la suite de controverses extrêmement âpres, la question fut encore reprise au laboratoire de Pflüger, par Colasanti[6] d'une part, par Dittmar Finkler[7] de l'autre.

---

1. A. Crawford, On animal heat (déjà cité).

2. Delaroche, Mémoire sur l'influence que la température de l'air exerce sur les phénomènes chimiques de la respiration, 1812, d'après Longet, *Traité de Physiologie*, t. I, p. 691.

3. Vierordt, Wagners Handwörterbuch, Bd. II, 1844, p. 878-879, Article RESPIRATION.

4. Félix Letellier, Influence des températures extrêmes de l'atmosphère sur la production de l'acide carbonique dans la respiration des animaux à sang chaud, *Ann. de chim. et de phys.*, 3ᵉ série, t. XIII, 1845, p. 478-501.

5. A. Roehrig et N. Zuntz, Zur Theorie der Wärmeregulation und der Balneotherapie, *P. A.*, Bd. IV, 1871, p. 57-90.

6. C. Colasanti, Ueber den Einfluss der umgebenden Temperatur auf den Stoffwechsel der Warmblüter, *P. A.*, Bd. XIV, 1877, p. 92-124.

7. Dittmar Finkler, Beiträge zur Lehre von der Anpassung der Wärme-

Tous deux aboutirent au même résultat. Sur le cobaye, quand on abaisse la température au-dessous de la normale des laboratoires, les échanges respiratoires augmentent.

Au laboratoire de Voit à Munich, le duc Charles Théodore[1], opérant sur le chat, et Voit[2] lui-même, expérimentant sur l'homme, arrivèrent à des conclusions analogues à celles des élèves de Pflüger.

Enfin Sigalas[3] mesurant l'oxygène consommé par le chien, Oddi[4] l'oxygène absorbé et l'acide carbonique émis par la souris, Corin et Van Beneden[5] l'acide carbonique exhalé par le pigeon trouvèrent que les échanges gazeux croissent et décroissent avec la température extérieure.

Nous avons donc un ensemble d'expériences dont l'accord semble d'autant plus concluant que les résultats concordent avec ce que l'on pouvait attendre. Plus il fait froid, plus l'homéotherme active ses combustions pour maintenir sa température constante. Mais voici un second groupe d'expériences qui trouble singulièrement cette quiétude.

2° Les échanges gazeux présentent un minimum d'intensité à une certaine température moyenne variable selon les espèces. L'activité des échanges croît d'autant plus qu'on s'éloigne davantage de ce minimum.

production an den Wärmeverlust bei Warmblütern, *P. A.*, Bd. XV, 1877, p. 603-633.

1. Carl Theodor, Herzog in Bayern, Ueber den Einfluss der Temperatur der umbegenden Luft auf die Kohlensaureauscheidung und die Sauerstoffaufnahme bei einer Katze, *Zeitsch. f. Biol.*, Bd. XV, 1878, p. 51-56.

2. C. Voit, Ueber die Wirkung der Temperatur der umgebenden Luft auf die Zerstzungen im Organismus der Warmblüter, *Zeitsch. f. Biol.*, Bd. XIV, 1878, p. 57-160.

3. C. Sigalas, Recherches expérimentales de Calorimétrie animale, Paris, Doin, 1890.

4. R. Oddi, Influence de la température sur l'ensemble de l'échange respiratoire, *Arch it. de Biol.*, vol. XV, 1891, p. 223-228.

5. G. Corin et A. van Beneden, Recherches sur la régulation de la température chez les Pigeons privés d'hémisphères cérébraux, *Arch. de Biol.*, t. VII, 1887, p. 265-276.

Cette opinion fut d'abord émise par Page[1] à la suite de ses expériences sur le chien. Il trouva un minimum d'émission d'acide carbonique à 25°. En présence de l'importance de ces faits pour la régulation de la température, Fredericq[2] en reprit l'étude sur l'homme et trouva un minimum d'oxygène absorbé entre 15° et 20°. Enfin son élève Falloise[3], opérant sur le cobaye, le rat blanc et le pigeon, constata l'existence du minimum à 21° environ, et sur l'homme ce même minimum oscillant entre 18° et 22°. Au premier abord la contradiction paraît absolue entre les deux groupes de résultats. Remarquons cependant que le désaccord n'existe que pour la région supérieure à la température moyenne, au-dessous la concordance existe. Or beaucoup d'auteurs du premier groupe n'ont pas dépassé la température habituelle des laboratoires ou ne l'ont fait que dans un petit nombre de déterminations. Leurs recherches ont principalement porté sur la comparaison entre les températures moyennes et basses.

Il faudrait donc surtout reprendre la question pour les températures de 20° à 30° ou peut-être au-dessus, mais il y a une cause d'erreur importante dont il est difficile de se préserver quand on opère sur les animaux, et dont on comprendra plus loin l'importance : les mouvements qu'ils peuvent faire et qui, indépendamment de toute autre cause, occasionnent un accroissement des combustions impossible à évaluer.

3° *Les variations de température extérieure n'ont aucune influence sur l'intensité des combustions intra-organiques mesurées par les échanges gazeux.*

1. F. J. M. Page, Some experiments as to the influence of the surrounding temperature on the discharge of carbonic acid in the dog, *J. of Phys.*, vol. II, 1879, p. 228-234.

2. L. Fredericq, Sur la régulation de la température chez les animaux à sang chaud, *Arch. de Biologie*, t. III, 1882, p. 687-804.

3. A. Falloise, Influence de la température extérieure sur les échanges respiratoires chez les animaux à sang chaud et chez l'homme, *Travaux du laboratoire de Fredericq*, t. VI, 1901, p. 183-208.

Déjà Winternitz, Murri et Senator avaient conclu de leurs expériences que l'intensité des échanges gazeux ne variait qu'au début d'un changement de température extérieure, par suite d'une modification du rythme respiratoire et de la ventilation pulmonaire qui en résultait. Les recherches faites sur l'homme par A. Lœwy[1] le conduisirent aux mêmes résultats. Le sujet était étendu sur un sopha ou couché dans un bain, évitant autant que possible les mouvements. On abaissait la température du bain, ou bien le sujet se déshabillait.

Dans 20 expériences il n'y eut aucune modification de l'oxygène consommé, dans 9 expériences le refroidissement produisit une baisse et dans 26 une hausse.

Il est à remarquer que, dans les 20 premiers cas, malgré la sensation de froid, le sujet resta immobile.

Johansson[2] reprit encore la question avec la grande chambre respiratoire de Sondèn et Tigerstedt et n'observa aucune modification des échanges gazeux lorsque le sujet n'avait pas de frisson.

La conclusion de ce groupe de recherches serait qu'il n'existe pas à proprement parler de régulation de la température par action reflexe simple, les combustions dans les tissus étant suivant les besoins ralenties ou exagérées. Quelle que soit la température extérieure, ces combustions seraient les mêmes, mais sous l'influence d'une excitation par le froid il se produirait un frisson qui, suivant son intensité, donnerait lieu à une plus ou moins grande activité des combustions.

Ce rôle du frisson a été bien mis en évidence par

1. A. Lœwy, Ueber den Einfluss der Abkühlung auf den Gaswechsel des Menschen; ein Beitrag zur Lehre von der Wärmeregulation, *P. A.*, Bd. XLVI, 1890, p. 189-244.

2. J. E. Johansson, Ueber den Einfluss des Temperatur in der Umgebung auf die Kohlensäureausgabe des menschlichen Körpers, *Skand. Arch. J. Phys.*, Bd. VII, 1897, p. 123-177.

Richet[1], qui a montré la part importante qu'il pouvait prendre dans la régulation de la température.

B. — Mesures calorimétriques.

1° *La quantité de chaleur dégagée par un animal ne croît pas régulièrement à mesure que la température extérieure baisse.*

Le premier auteur, semble-t-il, qui par des mesures calorimétriques directes ait mis en doute la règle, si simple, et paraissant être l'application directe et nécessaire de la loi de Newton sur le rayonnement, est d'Arsonval[2]. Cet expérimentateur trouva qu'en abaissant la température extérieure au-dessous de la moyenne des laboratoires, c'est-à-dire 15°-20°, un lapin perd moins de chaleur que ne le ferait supposer la loi proportionnelle de Newton. De plus, au-dessus de 15°-20°, les pertes iraient en augmentant, il y aurait donc un minimum entre 15°-20°, résultat concordant avec le minimum d'échanges gazeux de certains auteurs.

Presque simultanément, Richet[3], opérant avec son calorimètre à siphon, trouva exactement le contraire. Il y aurait un maximum de chaleur dégagée vers 14° pour le lapin, de là il y aurait une diminution régulière et progressive à mesure qu'on s'écarte au-dessus ou au-dessous de 14°.

Par la même méthode, Langlois[4], opérant sur des enfants, retrouva le maximum de Richet vers 18°, et

1. Ch. Richet, Le frisson comme appareil de régulation thermique, *Arch. de phys. norm. et path.*, 5e série, t. V, 1893, p. 312-326.

2. A. d'Arsonval, Recherches de calorimétrie animale, *C. R. S. B.*, 8e série, t. I, 1884, p. 721-726.

3. Ch. Richet, Recherches de calorimétrie, *Arch. de Phys. norm. et path.*, 3e série, t. VI, 1885, 2e semestre, p. 237-291.

4. P. Langlois, Contribution à l'étude de la calorimétrie chez l'homme, *Travaux du laboratoire de Ch. Richet*, t. I, 1893, p. 278-352.

Sigalas [1], avec un calorimètre de d'Arsonval à écoulement d'eau, opérant sur le lapin, arrive au même résultat que Richet, un maximum à 14°.

Au contraire, Ansiaux [2], par des mesures calorimétriques faites sur le cobaye avec un calorimètre double compensateur de d'Arsonval, trouve un minimum de chaleur rayonnée vers 25°.

2° *La quantité de chaleur dégagée par un animal croît régulièrement à mesure que la température extérieure baisse.*

Un seul auteur est arrivé à ce résultat par des mesures calorimétriques directes, c'est Lefèvre. Lefèvre [3] s'est depuis de longues années consacré aux méthodes calorimétriques, avec une continuité d'effort et une persévérance remarquables; il en a perfectionné tous les détails, et se trouve actuellement, autant qu'on en peut juger par les descriptions, en possession d'un appareil très fidèle. Sur le lapin, entre 2° et 31° environ, il a trouvé une chute continue et régulière de la chaleur dégagée.

Remarquons toutefois que Sigalas, dans ses recherches, n'avait pu trouver le maximum sur le canard et la poule. Pour ces animaux la chaleur dégagée croissait régulièrement avec l'abaissement de température, ce qui avait fait penser à l'auteur que le maximum était plus bas chez les oiseaux que chez les mammifères.

En somme, en ne prenant que les déterminations récentes, nous pouvons grouper les résultats acquis en admettant que l'intensité des combustions intra-organi-

---

1. C. Sigalas, Recherches expérimentales de calorimétrie animale. Mesure de la radiation calorique et des combustions respiratoires, Paris, Doin, 1890.

2. G. Ansiaux, De l'influence de la température extérieure sur la production de chaleur chez les animaux à sang chaud, *Travaux du laboratoire de L. Frédéricq*, t. III, 1889-1890, p. 169-185.

3. J. Lefèvre, Étude du rayonnement chez le lapin. Méthode. Protocoles. Critique des résultats. Loi de la variation calorique en fonction de la température, *Journ. de la Physiol. et de la Pathol. génér.*, t. VI, 1904, p. 831-846.

ques peut s'évaluer soit directement par des mesures calorimétriques, soit indirectement par des mesures d'échanges gazeux. Nous avons alors quatre catégories, où nous distinguerons les mesures directes par les noms d'auteurs en italique.

1° Les combustions intra-organiques sont d'autant plus intenses que la température extérieure est plus basse. La régulation de la température est parfaite.

Pflüger et ses élèves, Voit, Sigalas, Oddi, Corin et van Beneden ; *Lefèvre, Sigalas (canard et poule)*.

2° La température extérieure n'a aucune influence directe sur les échanges (A. Lœwy, Johansson).

3° Il y a un minimum de combustions intraorganiques. (Page, Frédéricq, Falloise, *d'Arsonval, Ansiaux*).

4° Il y a un maximum de combustions intraorganiques (*Richet, Langlois, Sigalas [lapin]*).

Il est impossible actuellement de faire la part des écarts qui ont pu s'introduire du fait des mouvements des animaux, là est sans doute la clef des divergences. Il serait important, dans les recherches qui peuvent être entreprises sur ce sujet, de déterminer simultanément les échanges gazeux et la chaleur dégagée comme l'a fait Sigalas, afin d'avoir un contrôle de la fidélité des méthodes.

En dehors de l'influence de la température de l'air ambiant, il y a lieu de considérer celle de l'état hygrométrique. Il est évident que l'évaporation se faisant moins bien dans l'air humide que dans l'air sec, l'animal perd moins dans le premier cas que dans le second, aussi bien par la surface de sa peau que par la vapeur exhalée dans l'air expiré. Cette question n'a encore été que peu étudiée, nous trouvons seulement quelques recherches de Rübner et de ses élèves [1], et les travaux actuellement en cours de Cluzet.

---

1. M. Rübner, Schwankungen der Luftfeuchtigkeit bei hohen Luft-

Moleschott[1] est le premier auteur qui ait étudié l'influence des radiations lumineuses sur les échanges gazeux. Il opéra sur la grenouille et trouva qu'elle émettait moins d'acide carbonique à l'obscurité qu'à la lumière. Cette expérience fut répétée par Selmi et Piacentini[2] sur les homéothermes, le chien, la tourterelle et la poule; ils confirmèrent les résultats de Moleschott. La chute d'acide carbonique exhalé tombait dans la proportion de 100 à 80 quand on passait de la lumière à l'obscurité.

La question du mouvement des animaux se posait naturellement; ces variations étaient-elles dues réellement à une influence directe de la lumière, ou à une plus grande activité des animaux, qui à l'obscurité sommeillaient plus ou moins?

Chasanowitz[3] essaya de trancher la question en opérant sur des grenouilles immobilisées par section de la moelle; il trouva que, malgré cette précaution, elles émettaient 50 p. 100 d'acide carbonique en plus à la lumière qu'à l'obscurité.

Au cours d'un travail sur la respiration comparée de

temperaturen in ihrem Einfluss auf den thierischen Organismus, *Arch. f. Hygiene*, Bd. XVI, 1892, p. 101-104.

H. Wolpert, Ueber den Einfluss der Luftbevegung auf die Wasserdampf und Kohlesäure-Abgabe des Menschen, *Arch. f. Hygiene*, Bd. XXXIII, 1898, p. 206-228.

H. Wolpert, Ueber den Einfluss der Lufttemperatur auf die im Zustand anstrengender Körperlicher Arbeit ausgeschiedenen Mengen Kohlensäure und Wasserdampf beim Menschen, *Arch. f. Hygiene*, Bd. XXVI, 1896, p. 32-67.

A. Broden und H. Volpert, Respiratorische Arbeitsversuche bei wechselnder Luftfeuchtigkeit an einer fetten Versuchsperson, *Arch. f. Hygiene*, Bd. XXXIX, 1901, p. 298-311.

1. J. Moleschott, Ueber den Einfluss des Lichts auf die Menge der vom Thierkörper ausgeschiedenen Kohlensaüre, *Wiener medicinische Wochenschrift*, 1855, 27 oct., n° 43.

2. A. Selmi et G. Piacentini, Rendiconti del Reale Istituto Lombardo di Scienze e Lettere, série 2, vol. III, 1870, p. 53 (d'après Moleschott).

3. Chasanowitz, Ueber den Einfluss des Lichtes auf die Kohlensäureausscheidung im thierischen Organismus, *Inaug. Dissertation*, Königsberg, 1872, d'après C.-A. Ewald.

divers animaux, Pott[1] reprit accessoirement la question de l'influence de la lumière ; il opéra sur la souris placée derrière divers verres de couleur et trouva qu'en représentant par 100 la quantité d'acide carbonique émise derrière un verre blanc dépoli on obtenait :

Pour le violet	87		Pour le vert	129
— rouge	93		— jaune	175
— bleu	123			

A ce moment Pflüger fit reprendre la question par un de ses élèves, afin de rechercher si, comme pensait l'avoir démontré Moleschott, le fait d'éclairer ou de ne pas éclairer la rétine des animaux modifiait la grandeur des échanges gazeux. O. von Platen[2] opéra sur le lapin trachéotomisé portant devant les yeux une sorte de monture où l'on pouvait, à volonté, faire passer un verre transparent ou un écran opaque. Le résultat fut que l'éclairement donnait un accroissement d'absorption d'oxygène dans le rapport de 100 à 116, et un dégagement d'acide carbonique dans le rapport de 100 à 114.

Moleschott et ses élèves, d'abord dans un mémoire très étendu, puis dans une série de notes confirmèrent et étendirent leurs recherches premières. Les animaux[3] étaient placés sous une cloche traversée par un courant continu d'air, et l'acide carbonique était à la sortie absorbé dans des tubes à potasse. Les expériences portèrent sur la grenouille, le moineau, le rat et l'écureuil, soit normaux, soit aveuglés par cautérisations des yeux au fer rouge, à

1. R. Pott, Vergleichende Untersuchung uber die Mengenverhältnisse der durch die Respiration und Perspiration ausgeschiedenen Kohlensäure bei verschiedenen Thierspecies in gleichen Zeiträumen, *Habilitationsschrift*, Jena, 1875, d'après les Jahresberichte.

2. O. von Platen, Ueber den Einfluss des Auges auf den thierischen Stoffwechsel, *P. A.*, Bd. XI, 1875, p. 272-290.

3. J. Moleschott et S. Fubini, Ueber den Einfluss gemischten und farbigen Lichtes auf die Ausscheidung der Kohlensäure bei Thieren, *Moleschott. Unters. z. Naturl. d. Menschen u. d. Thiere*, Bd. XII, 1879, p. 266-428.

l'alcali caustique ou au nitrate d'argent. De plus l'intensité de la lumière d'éclairage était appréciée par le noircissement d'un papier sensible que l'on comparait à une échelle de teintes. Le résultat fut, que pour les animaux intacts il y a une plus grande quantité d'acide carbonique éliminé à la lumière qu'à l'obscurité. Cette action diminue un peu mais existe encore pour les animaux aveuglés. Ces résultats sont résumés dans le tableau suivant.

	INTACTS		AVEUGLES	
	Obscurité.	Lumière.	Obscurité.	Lumière.
Amphibiens . . .	100	120	100	111
Oiseaux	100	134	100	127
Mammifères . . .	100	140	100	112

L'effet semble persister sur les organes séparés du corps; enfin en faisant varier la couleur de la lumière pour le rat l'action croissait en passant de l'obscurité au rouge, puis du rouge au violet ou au blanc.

Fubini et Spallita[1] étudièrent plus à fond cette influence de la couleur sur les mammifères, les oiseaux et le crapaud. Selon les espèces, les résultats furent différents; pour les mammifères et les oiseaux, le maximum fut dans l'orangé et le jaune, le minimum dans l'indigo, le violet et le vert. Pour le crapaud, le maximum serait dans le violet et l'indigo, le minimum dans le bleu et le vert. D'autre part, Tubini[2], opérant sur la grenouille à laquelle il avait extirpé les poumons par la glotte, constata une influence considérable de l'éclairement sur la respiration

---

1. S. Fubini et Spallita, Influence de la lumière monochromatique sur l'expiration de l'acide carbonique, *Arch. Ital. de Biolog.*, vol. X, 1888, p. 295.

2. Tubini, Respiration cutanée des grenouilles, sous le point de vue de l'influence de la lumière, *C. R. A. S.*, t. LXXXIII, p. 236.

cutanée, car, en passant de l'obscurité à la lumière, l'acide carbonique exhalé par des animaux varia dans le rapport de 100 à 134 comme moyenne de 74 expériences.

Enfin Fubini et Benedicenti[1], pour se mettre à l'abri de l'objection des mouvements des animaux, s'adressèrent aux hibernants, et déterminèrent l'acide carbonique pendant le sommeil chez le loir, l'écureuil et la chauve-souris. Les conclusions furent toujours de même sens, le rapport des échanges pendant la veille et la sommeil fut en moyenne de 100 à 76, avec un maximum de 100 : 48 et un minimum de 100 : 93.

Voici donc toute une série de résultats concordants. Il semble à n'en pas douter que la lumière ait une influence directe sur la grandeur des échanges respiratoires, et par conséquent des combustions intraorganiques. Cependant d'autres expérimentateurs ne sont pas arrivés au même résultat.

Speck[2] tout d'abord, opérant sur lui-même pour être certain de n'avoir aucune erreur introduite par les mouvements, trouva entre la grandeur des échanges à l'obscurité et à la lumière des écarts si minimes, qu'il n'hésita pas à les mettre sur le compte d'erreurs accidentelles et de les attribuer uniquement à quelques légers mouvements. Loeb[3], après quelques essais sur la grenouille, préféra s'adresser aux puppes de divers papillons et ne constata aucune prédominance en faveur de la lumière. Ewald[4] enfin, employant la grenouille curarisée, obtint comme rapport moyen entre la valeur des échanges gazeux à la lumière

1. S. Fubini et A. Benedicenti, Influence de la lumière sur le chimisme respiratoire. Observations faites sur des animaux à l'état hibernant, *Arch. Ital. de Biologie*, vol. XVI, 1891, p. 80-86.

2. J. Speck, Untersuchungen uber den Einfluss des Lichtes auf den Stoffwechsel, *Arch. für exper. Pathol. u Pharmakol.*, Bd. XII, 1880, p. 1-32.

3. J. Loeb, Der Einfluss des Lichtes auf die Oxydationsvorgänge in thierischen Organismen, *P. A.*, Bd. XLII, 1888, p. 393-407.

4. C. A. Ewald, The influence of light on the gas exchange in animal tissues, *Journal of Physiol.*, vol. XIII, 1892, p. 847-859.

et à l'obscurité 100 : 99. Moi même, dans une série de recherches soit sur la grenouille curarisée, soit sur la grenouille amenée au repos par destruction du cerveau antérieur et guérie de sa plaie opératoire, je n'ai jamais pu, ni pour l'oxygène absorbé, ni pour l'acide carbonique éliminé, constater aucune différence en faveur de la lumière. Il est probable que les résultats de divers expérimentateurs se ressentent, comme dans le cas de l'étude faite sur l'influence de la température de l'air ambiant, du défaut de repos absolu des sujets.

Les modifications qu'il y a lieu d'envisager dans la composition de l'air inspiré sont une augmentation ou une diminution dans la proportion soit d'oxygène, soit d'acide carbonique. Quand on soumet un animal au confinement, deux phénomènes se superposent : il y a appauvrissement graduel de l'oxygène et surcharge d'acide carbonique. L'expérience des anciens auteurs avait déjà montré que l'excès d'acide carbonique est, dans ces conditions, plus nocif que le déficit d'oxygène. Un animal peut en effet subsister plus longtemps dans une atmosphère confinée si l'on absorbe à mesure l'acide carbonique éliminé que si l'on ne prend pas cette précaution. Il résulte d'observations multiples que lorsque la proportion d'acide carbonique dans l'air ne dépasse pas 5 à 6 p. 100, l'animal n'en ressent aucun trouble ; sur ce point tous les auteurs sont d'accord.

Le défaut d'oxygène peut se faire sentir de deux façons différentes, soit par diminution générale de la pression, ce qui a lieu quand on monte en ballon par exemple, ou que l'on place un animal sous une cloche où l'on raréfie d'air, soit par dilution de l'air atmosphérique avec un gaz inerte. Paul Bert[1] a conclu de ses recherches, qu'en n'opérant pas brusquement, les deux méthodes

1. P. Bert, *La pression barométrique*, Masson, Paris, 1878.

conduisent au même résultat. Cette manière de voir a été confirmée par la plupart des expérimentateurs, tandis que certains autres pensent qu'en dehors de la question de pression partielle de l'oxygène il y a une influence de la pression totale qui n'est pas encore bien élucidée.

Divers auteurs avaient constaté que le rythme et l'amplitude des mouvements respiratoires se modifient quand la tension de l'oxygène baisse, mais les premiers qui accompagnèrent ces observations de mesures d'échanges gazeux furent Friedländer et Herter[1]. La conclusion de leurs recherches fut que la proportion d'oxygène peut tomber à 12,7 p. 100 dans l'air, à la pression atmosphérique, sans qu'il ne se produise aucune modification dans les échanges. L'expérience se faisait sur des lapins munis d'une canule trachéale, auxquels on faisait respirer de l'air plus ou moins dilué avec de l'hydrogène. Au-dessous de cette tension, la consommation d'oxygène diminuait, l'acide carbonique étant éliminé en quantité sensiblement aussi notable qu'à l'état normal. Speck[2], opérant sur lui-même, ne trouva de chute appréciable dans la consommation d'oxygène que lorsque sa tension partielle dans l'air inspiré tombait à 8 p. 100, à la pression atmosphérique bien entendu.

Lœwy[3], en diluant l'air, ou en diminuant la pression totale, ne trouva de changement dans l'absorption d'oxygène qu'au-dessous d'une chute du baromètre de 450 millimètres, ou d'une pression partielle de 10 p. 100. Au-dessous, il y a chute pour l'oxygène sans variation sensible de l'acide carbonique éliminé.

1. C. Friedländer et E. Herter, Ueber die Wirkung des Sauerstoffmangels, auf den thierischen Organismus, *Zeitschrift f. physiol. Chimie*, Bd. III, 1879, p. 19-51.

2. Speck, *Physiologie des menschlichen Athmens*, déjà cité.

3. A. Lœwy. *Untersuchungen über die Respiration und Circulation bei Aenderung des Druckes und des Sauerstoffgehaltes der Luft*, Berlin, Hirschwald, 1895.

Tissot, dans les mêmes limites, sur l'homme au repos ou au travail, est amené aux mêmes conclusions, soit en opérant par décompression[1], soit en faisant respirer au sujet des mélanges titrés[2]. De plus[3], en analysant sur le chien les gaz du sang, il a montré que les combustions intraorganiques n'étaient pas en relation avec la contenance du sang en oxygène.

Ces résultats ont été retrouvés par la plupart des auteurs qui sous une forme ou une autre ont étudié le même problème, et s'il en est comme Kempner[4] ou v. Hösslin[5] qui arrivent à une conclusion opposée, cela tient à des erreurs manifestes qui se sont introduites dans leur technique.

L'accord règne également pour ce qui concerne l'augmentation de pression ou l'enrichissement de l'air en oxygène, il n'y a pas d'accroissement dans les échanges gazeux. Le seul auteur qui soit arrivé à des conclusions différentes est Rosenthal[6]. D'après lui, aussitôt que la pression partielle augmenterait, la quantité d'oxygène absorbée par l'organisme irait en croissant pour se fixer dans les tissus et être consommée ultérieurement. L'acide car-

1. J. Tissot, Recherches expérimentales sur l'action de la décompression sur les échanges respiratoires de l'homme, *C. R. S. B.*, 1902, p. 682-688.

2. J. Tissot, La respiration dans une atmosphère dont l'oxygène est considérablement raréfié n'est accompagnée d'aucune modification des combustions intraorganiques, évaluées d'après les échanges respiratoires, *C. R. S. B.*, 1904, p. 876-878.

3. J. Tissot, Les combustions intraorganiques sont indépendantes de la proportion d'oxygène contenue dans le sang artériel; la respiration dans une atmosphère à oxygène fortement raréfié provoque un abaissement considérable du taux de l'oxygène dans le sang artériel, mais ne modifie pas la valeur des échanges respiratoires, *C. R. S. B.*, 1904, p. 941-943.

4. Kempner, Über den Sauerstoffverbrauch des Menschen bei Einathmung sauerstoffarmer Luft, *Zeitsch. f. klinische Medicin*, Bd. IV, 1881, p. 391-401.

5. H. v. Hösslin, Ueber den Einfluss der Sauerstoffspannung im Gewebe auf den Sauerstoffverbrauch, *Sitzungsber. der Gesellsch. f. Morph. u. Phys.*, München, 1891, d'après *Centralblatt f. Phys.*

6. J. Rosenthal, Über die Sauerstoffaufnahme und den Sauerstoffverbrauch der Säugethiere, *Arch. f. Physiologie*, 1898, p. 271-281.

bonique éliminé ne varierait pas. Il se formerait donc des réserves d'oxygène. Ce côté du problème a été particulièrement examiné par Falloise, qui a recherché si les animaux ayant respiré dans une atmosphère suroxygénée résistaient plus longtemps à l'asphyxie que les animaux ayant respiré à l'air libre. Telle serait, en effet, la conséquence de ces réserves se faisant plus abondantes dans le premier cas que dans le second, conformément à l'opinion de Rosenthal. Falloise [1] a trouvé qu'il se formait de pareilles réserves, résultant d'une plus grande absorption d'oxygène, qui se dissoudrait dans les liquides de l'organisme. Mais cette absorption en excès se produirait dès les premiers instants ; au bout d'une minute environ la suturation serait achevée et dès lors la consommation serait normale.

Durig [2], opérant sur deux chiens porteurs de fistules trachéales ou sur l'homme, vit aussi que les variations de teneur en oxygène de l'air inspiré n'influaient sur l'oxygène absorbé que pendant les premiers instants. Les différences observées s'expliquent par une plus ou moins grande suturation de l'hémoglobine suivant la tension partielle de l'oxygène, il n'y a ni augmentation ni diminution de consommation ni réserves à proprement parler. De son côté Schaternikoff [3] ne put constater aucun accroissement de consommation d'oxygène chez l'homme respirant de l'air suroxygéné.

De toutes ces recherches on peut conclure que la consommation d'oxygène par un animal se règle uniquement

1. A. Falloise, Influence de la respiration d'une atmosphère suroxygénée sur l'absorption d'oxygène, *Trav. du Lab. de L. Frédéricq*, t. VI, 1896-1901, p. 135-182.

2. A. Durig, Ueber Aufnahme und Verbrauch von Sauerstoff bei Aenderung seines Partialdruckes in der Alveolarluft, *Arch. f. Phys.*, 1903, Suppl., p. 209-369.

3. M. Schaternikoff, Zur Frage über die Abhängigkeit des O. Verbrauches von dem O Gehalt in der einzuatmenden Luft, *Arch. f. Phys.*, 1904, Supp., p. 135-166.

sur les besoins de l'organisme, l'animal prend ce qu'il lui faut et non pas ce que l'on met à sa disposition.

Je m'éloignerais du but que je me suis proposé d'atteindre en examinant les cas où l'animal serait placé dans l'air ou l'oxygène sous haute pression, il se produit alors des phénomènes particuliers n'ayant plus aucun rapport avec l'étude de la chaleur animale. Je passe aussi sur le cas où le manque d'oxygène est poussé jusqu'à l'asphyxie.

Je laisse enfin de côté tout ce qui concerne les études faites soit dans la haute montagne, soit dans les ascensions en ballon. Des travaux du plus haut intérêt ont été exécutés dans cette voie, mais les conditions expérimentales sont plus complexes que celles du laboratoire, les conclusions que nous pourrions en tirer ne modifieraient en rien ce qui vient d'être dit.

INFLUENCE DU TRAVAIL MUSCULAIRE
SUR LES COMBUSTIONS DE L'ORGANISME

De tous les facteurs qui influent sur les conbustions de l'organisme, le plus important est sans aucun doute l'activité musculaire. Ceci est un fait d'observation courante, il est absolument général dans toute la série animale.

Les observations de Réaumur ont montré que la température des ruches d'abeilles s'élève notablement quand ces abeilles se mettent en mouvement. Newport, Dutrochet, Girard, d'autres encore, opérant directement avec un thermomètre, soit mieux à l'aide de petites piles thermométriques, ont mis en évidence que les insectes dégagent de la chaleur en plus grande abondance aussitôt qu'ils se mettent en mouvement. Des expériences analogues et les observations journalières montrent chez les mammifères et chez l'homme, que l'agitation, les efforts, le tétanos donnent toujours lieu à une élévation de température et par suite à un dégagement de chaleur plus grand qu'à l'état de repos. Certains auteurs, remarquant que le mouvement est toujours accompagné d'une accélération de la respiration, se sont demandé si ce n'est pas à une ventilation plus active entraînant une absorption plus grande d'oxygène qu'il faut attribuer cette augmentation de chaleur. Mais cette hypothèse tombe devant ce simple fait qu'une accélération de la respiration, isolée, sans augmentation de mouvement du reste du corps, reste sans effet et peut même donner lieu à une légère baisse de température.

D'ailleurs ici encore c'est l'expérience directe qui nous donnera la meilleure indication sur la cause générale de l'accroissement de chaleur. J'ai déjà dit que Becquerel et Breschet, introduisant des aiguilles thermoélectriques dans un muscle du bras, montrèrent que toute mise en activité de ce muscle est accompagnée d'une augmentation de température.

La même expérience fut répétée par Ziemmsen[1] sur l'homme, avec un thermomètre, ce qui était moins bon, et par Valentin[2] sur la marmotte. Mais ces auteurs ne comprirent pas la signification du phénomène, ils l'attribuèrent purement et simplement à une circulation plus active, et Becquerel et Breschet ajoutent : « Peut-être le système nerveux joue aussi un rôle ». Hélas! on savait pourtant depuis Seguin et Lavoisier que la chaleur était due à une combustion; Liebig et Claude Bernard avaient prouvé que le sang veineux est plus chaud que le sang artériel et que, par suite, le sang emporte de la chaleur du muscle et ne l'y apporte pas. Il était naturel de se demander si la chaleur dégagée ne provenait pas d'une augmentation des combustions. Bunsen[3] avait montré dès 1807 que le dégagement de chaleur se produit dans le muscle lui-même, indépendamment de toute circulation, en introduisant la boule d'un thermomètre à air dans les muscles de la cuisse d'une vache fraîchement tuée et provoquant la contraction par l'intermédiaire du nerf. Il y

---

1. Ziemssen, *Die Electricität in der Medicin*, 1857, p. 16 et suiv., d'après Heidenhain.

2. Valentin, Expériences sur les marmottes, *Moleschott's Untersuchungen*, Bd. IX, p. 227, d'après Heidenhain.

3. *Gilbert's Annalen*, Bd. XXV. 1707, p. 157, d'après Heidenhain.

eut dégagement de chaleur aussi longtemps que l'excitation provoqua des contractions.

Mais il faut arriver à Helmholtz[1] pour voir établir clairement que l'augmentation de température est le résultat de l'accroissement des combustions liées à l'activité musculaire.

A cette époque le principe de la conservation de l'énergie avait été formulé par Mayer, Helmholtz venait de publier son mémoire sur la conservation de la force. Le principe de la conservation de la matière était admis par tout le monde, et si un certain nombre de physiologistes niaient l'origine de la chaleur animale produite entièrement par une combustion et invoquaient encore des phénomènes d'ordre purement vital, ce que nous ne pouvons plus comprendre aujourd'hui, d'autres se ralliaient sans réserve à la théorie de Lavoisier.

C'est donc de cette époque que datent réellement les expériences ayant pour but de relier la grandeur du travail musculaire produit à la dépense de l'organisme, cette dépense étant évaluée par l'intensité des combustions intra-musculaires, c'est-à-dire par la quantité de chaleur dégagée où la valeur des transformations chimiques. Les premières recherches publiées sur ce sujet, après celles de Helmholtz, parurent presque simultanément. Elles sont dues d'une part à Solger[2] travaillant au laboratoire de Heidenhain, à Meyerstein et Thiry[3] de l'autre.

Ces expérimentateurs mesuraient, sur le muscle de grenouille séparé du corps, l'élévation de température

---

1. H. Helmholtz, *Ueber den Stoffverbrauch bei der Muskelaction*, *Müller's Archiv*, 1845, p. 72-83.

H. Helmholtz, *Ueber die Wärmeentwicklung während des Muskelaction*, *Müller's Archiv*, 1848, p. 144-164.

2. Solger, *Ueber die Wärmeentwicklung bei der Muskelthätigkeit*, *Studien des Physiologischen Institutes zu Breslau*, Zweites Heft, 1863, p. 125-143.

3. Meyerstein et Thiry, *Göttinger Anzeiger*, 28 janvier 1863, *Henle und Pfeufer's Zeitschrift*, XX, p. 45, d'après Heidenhain.

accompagnant la contraction dans diverses circonstances. Ils employaient pour cela des aiguilles thermoélectriques enfoncées dans le muscle et reliées à un galvanomètre très sensible.

Solger se heurta dans ces expériences à de grosses difficultés, si bien qu'il abandonna la question. Cependant il en avait tiré deux conclusions :

1° Un muscle tétanisé commence par se refroidir, présentant ainsi une oscillation négative de la chaleur qui s'y dégage, « Negative Wärmeschwankung » ;

2° Souvent, principalement quand le tétanos ne dure pas trop longtemps, après cessation de l'excitation, il continue à se produire dans le muscle, pendant un certain temps, un dégagement de chaleur croissant.

Meyerstein et Thiry trouvèrent aussi l'oscillation négative de chaleur, elle leur parut d'autant plus marquée que le muscle était moins chargé et se raccourcissait davantage. Ils attribuèrent ce phénomène à un changement dans la chaleur spécifique du muscle pendant sa contraction.

Solger, découragé par la difficulté de la question, l'abandonna donc et elle fut reprise par Heidenhain [1]. Il installa pour ses recherches une pile thermoélectrique Antimoine-Bismuth de six éléments. Cette pile était appliquée contre le muscle sur lequel il opérait par une de ses faces recouverte d'une mince couche de gomme laque, et un dispositif spécial lui permettait de se déplacer librement sans perdre le contact avec le muscle.

Tout l'appareil était maintenu dans une chambre humide afin d'éviter les erreurs dues à l'évaporation. Le galvanomètre était une boussole de Wiedemann très sensible dont la déviation se lisait sur une échelle graduée. Heidenhain

1. R. Heidenhain, *Mechanische Leistung, Wärmeentwicklung und Stoffumsatz bei der Muskelthätigkeit*, Leipzig, Breitkpof und Härtel, 1864, 1 pl.

estimait qu'il pouvait évaluer sûrement une variation de température de 0°,00025 environ.

Heidenhain ne retrouva pas la variation négative de chaleur observée par ses prédécesseurs, il l'attribua à une erreur d'expérience tenant à un déplacement de la pile thermoélectrique dans le muscle au moment de la contraction. Il fait aussi remarquer que ni Solger ni Meyerstein et Thiry ne pouvaient comparer la chaleur dégagée dans le muscle avec le travail effectué.

Les appareils de ces auteurs manquaient en effet de sensibilité, une simple secousse ne suffisait pas à donner une élongation visible, et ils avaient été obligés de recourir à la tétanisation. Dans ces conditions, le muscle n'exécute de travail extérieur que pendant le soulèvement du poids, c'est-à-dire au commencement du tétanos. Pendant toute la durée du raccourcissement, il ne se produit que ce que Heidenhain appelle du *travail statique (statische Arbeit)* qui ne donne lieu à aucune consommation d'énergie. Les combustions et l'augmentation de température du muscle pendant ce temps sont tout entières sous la dépendance du *travail intérieur* du muscle (*innere Arbeit*) nécessité par le développement de la force qui soutient le poids. Le travail intérieur dépend de la grandeur du poids et de la durée du soutien, on peut considérer qu'il est proportionnel à ces deux facteurs, mais il est aussi en relation avec la hauteur à laquelle le poids est soulevé, c'est-à-dire avec le degré de racourcissement du muscle, suivant une loi totalement inconnue.

En mesurant la chaleur dégagée dans de simples secouses, Heidenhain ne trouva aucune relation entre la chaleur dégagée et le travail de soulèvement d'un poids, toutefois il établit divers faits très importants.

Quand un muscle travaille les combustions intramusculaires augmentent d'intensité, l'excédent d'énergie ainsi libéré se manifeste en partie directement sous forme de chaleur, et en partie sous forme de travail.

Cela peut se représenter par l'égalité.

Chaleur de combustion = Chaleur libérée + Travail mécanique.

Or, dans les diverses circonstances, le partage de la chaleur de combustion entre la chaleur libérée et le travail mécanique produit ne se fait pas de la même façon. Ainsi, à mesure que le muscle se fatigue, il travaille plus économiquement; c'est-à-dire que pour obtenir un même travail mécanique il brûle moins de matériaux dans le muscle et il se dégage moins de chaleur.

De plus, pour un même muscle, à un même état de fraîcheur ou de fatigue, une même excitation du nerf ne donne pas toujours lieu aux mêmes combustions; ces combustions se règlent suivant les conditions dans lesquelles se produit le travail.

Quand le muscle donne des secousses maximales à la suite d'excitations indirectes de même valeur, si on le charge de poids croissants, il y a, jusqu'à une certaine limite, accroissement simultané du travail et de la chaleur dégagée, mais cette dernière croît plus lentement que le travail, c'est-à-dire que le rendement devient meilleur.

Au delà d'une certaine limite, atteinte d'autant plus vite que le muscle est plus fatigué, le dégagement de chaleur baisse, et plus tard il en est de même du travail.

Si l'on empêche le muscle de se raccourcir, c'est-à-dire si l'on fait des secousses isométriques, la quantité de chaleur croît avec la tension initiale, jusqu'à une certaine limite, pour diminuer ensuite.

Pour une même excitation du nerf, et un même poids tenseur, le muscle dégage moins de chaleur dans la secousse isotonique, c'est-à-dire en soulevant un poids constant, que dans la secousse isométrique, c'est-à-dire en gardant une longueur constante. Toutefois, quand la tension initiale dépasse une certaine valeur, c'est l'inverse qui se produit, et le point d'inversion est atteint d'autant plus vite que le muscle est plus fatigué.

Si pendant que le muscle se contracte on le surcharge, la chaleur dégagée est d'autant plus grande que la surcharge est plus forte. Si pendant la contraction on le décharge, de façon à laisser la même charge finale, la chaleur dégagée est d'autant plus grande que la tension initiale était plus importante.

Heidenhain a observé les mêmes faits en tétanisant les muscles au lieu de leur faire donner des secousses.

Tous ces faits sont extrêmement importants, ils nous montrent une indépendance remarquable du muscle vis-à-vis de l'appareil excitateur de la contraction. Une fois que cet appareil a rempli son office, qui est de provoquer la contraction, le muscle règle lui-même les combustions qu'elle nécessite.

Les expériences de Heidenhain, toutes remarquables qu'elles furent, et malgré l'importence des résultats, ne permirent en aucune façon de faire un rapprochement entre le travail produit et la valeur des combustions, ni de vérifier l'équation fondamentale d'après laquelle une partie de l'énergie libérée devait se retrouver avec son équivalence dans le travail mécanique fourni. Heidenhain avait espéré, en commençant ses expériences, voir la chaleur dégagée devenir de plus en plus faible à mesure que le travail extérieur serait plus important par accroissement du poids tenseur. Les combustions étant censées rester les mêmes pour une même excitation, on aurait pu déduire de ces expériences la proportion d'énergie utilisée en travail extérieur. Comme on vient de le voir, l'expérience ne confirma pas cette espérance parce que la grandeur des combustions ne restait pas constante.

Fick[1] reprit la question et fit le raisonnement suivant.

Pour connaître, lors de la contraction musculaire, la proportion d'énergie réellement utilisée, il faut faire deux expériences. Dans la première on mesurera la quantité de chaleur produite sans qu'il y ait production de travail, dans la seconde on mesurera ce qui reste de chaleur non utilisée pour le travail. Si dans ces deux expériences les combustions ont été les mêmes, on aura par différence la chaleur utilisée pour le travail. Or, fait remarquer Fick, les expériences de Heidenhain ne peuvent donner aucun résultat valable, puisque précisément la condition essentielle d'égalité de combustion dans les divers cas n'est pas remplie. Pour échapper à cette cause d'erreur, Fick relia le muscle sur lequel il opérait à un petit treuil ou collecteur de travail (Arbeitsammler). Quand le muscle se contractait, il agissait sur le treuil et enroulait un fil soutenant un poids. Au moment où le muscle reprenait sa longueur de repos, le poids redescendait à son niveau primitif. Il n'y avait ainsi aucun travail extérieur de produit. Mais l'on pouvait modifier cette deuxième phase de l'opération à l'aide d'un encliquetage convenablement disposé, grâce auquel la rotation du treuil ne pouvait s'effectuer que dans le sens où il soulevait le poids. A chaque secousse, le poids était ainsi soulevé d'une certaine hauteur, il ne redescendait jamais, le muscle produisait un travail extérieur qui finalement avait pour mesure le produit du poids par la hauteur totale de l'ascension.

En opérant ainsi et évaluant simultanément avec une pile thermoélectrique la chaleur libérée par le muscle, Fick vit que dans le second cas la température s'élevait moins que dans le premier, il y avait un déficit qu'il

---

1. A. Fick, Experimenteller Beitrag zur Lehre von der Erhaltung der Kraft bei der Muskelzusammenziehung, *Arbeiten aus dem Physiologischen Laboratorium der Zuricher Hochschule*, I. Heft, Wien, 1869, p. 1-16.

évalua à 35-55 p. 100 de la chaleur totale apparue dans le premier cas. C'est-à-dire que 35-55 p. 100 de l'énergie libérée par les réactions chimiques du muscle étaient utilisés sous forme de travail mécanique.

Fick croyait être arrivé ainsi à une évaluation du rendement musculaire à l'abri de tout reproche, mais la réponse de Heidenhain [1] ne se fit pas attendre longtemps.

Pour que l'expérience de Fick fût valable, il faudrait que le processus chimique accompagnant l'activité du muscle, soit entièrement terminé à la fin de la phase de raccourcissement. Or cela n'est pas évident, et Heidenhain chargea deux de ses élèves de le vérifier à l'aide de deux procédés.

a. Il résulte des expériences de Du Bois-Reymond qu'un muscle qui travaille devient de plus en plus acide. Il fallait rechercher si le fait de charger ou de ne pas charger un muscle pendant l'allongement qui suit la contraction influe sur son acidité. L'expérience fut faite 57 fois, en comparant chaque fois deux muscles aussi semblables que possible, l'un soulevant le poids à la montée et le soutenant à la descente, l'autre ne faisant que la première opération et s'allongeant à vide.

38 fois le premier muscle fut trouvé plus acide que le second.

10 fois ce fut l'inverse.

9 expériences restèrent douteuses.

b. La seconde méthode consistait à comparer l'épuisement par fatigue des deux muscles. Toujours cette fatigue apparut plus rapidement sur le muscle chargé à la descente du poids.

<hr>

1. R. Heidenhain, Ueber Ad. Fick's experimenteller Beweis für die Gültigkeit des Gesetzes von der Erhaltung der Kraft bei der Muskelzusammenziehung. Nach Versuchen den Herren Studierenden Leopold Landau und Carl Pacully Mitgetheilt von R. Heidenhain, *P. A.*, Bd. II, 1869, p. 423-432.

Il semble donc résulter de là que les combustions intra-musculaires sont plus actives dans le cas du muscle que Fick considérait comme ne produisant aucun travail que dans l'autre, et que, par suite, ses expériences pèchent par la base.

Un autre élève de Heidenhain, Steiner[1], allait du reste donner une preuve plus directe de l'erreur de Fick, et surtout plus comparable avec les autres expériences exécutées sur ce sujet.

Ses expériences consistaient à mesurer l'augmentation de température du muscle, comme l'avaient fait Heidenhain et Fick, mais à surcharger ou à décharger le muscle pendant son relâchement. Cette opération se faisait automatiquement par un relai électrique facile à imaginer. La démonstration fut absolument nette, la chaleur dégagée est toujours plus grande en surchargeant le muscle à la descente qu'en le déchargeant.

On peut encore ajouter à ces diverses preuves celles tirées des recherches de Nawalichin[2], qui surchargea le muscle à diverses périodes de sa contraction, et l'on voit alors que toute surcharge ou tension appliquée au muscle en un moment quelconque de la secousse augmente l'intensité des échanges. Il est impossible de se soustraire à cette cause d'erreur dans les expériences que nous venons de décrire.

Fick[3] aborda alors plus directement le problème de la production d'énergie nécessaire au travail musculaire. Dans ses recherches antérieures, ainsi que dans celles de Heidenhain, on ne mesurait en somme pas la chaleur

---

1. J. Steiner, Ueber die Wärmeentwicklung bei der Wiederausdehnung des Muskels, *P. A.*, Bd. VI, 1875, p. 196-206, 1 pl.

2. J. Nawalichin, Myothermische Untersuchungen, *P. A.*, Bd. XIV, 1877, p. 293-329, 1 pl.

3. A. Fick, Ueber die Wärmeentwickelung bei der Muskelzuckung, Nach Versuchen vom Verfasser und Dr Karl Harteneck, *P. A.*, Bd. XVI, 1878, p. 58-90.

dégagée, mais on évaluait l'élévation de température qui se produisait dans les divers cas.

Or en connaissant l'élévation de température du muscle, son poids et sa chaleur spécifique, on peut en déduire, en calories, la quantité de chaleur dégagée ayant produit cette élévation de température. Il faut, bien entendu, supposer qu'il n'y a pas eu de pertes par conductibilité, rayonnement ou évaporation. L'opération se faisant rapidement on pouvait négliger cette cause d'erreur.

Fick opéra donc ainsi; il provoquait une secousse musculaire, le poids soulevé montant et redescendant à sa position première. Il n'y avait pas de travail extérieur produit, toute l'énergie libérée dans le muscle apparaissait sous forme de chaleur. On l'évaluait comme il vient d'être dit, en attribuant la valeur 1, chaleur spécifique de l'eau, à la chaleur spécifique du muscle.

Fick comparait dans ces conditions la chaleur produite au travail effectué par le muscle pendant son raccourcissement, le poids ne redescendant pas. Il est absolument évident que cette évaluation ne peut pécher que par excès. La comparaison du travail à la dépense montra que le rendement du muscle pouvait, dans les conditions les plus favorables, atteindre $\frac{1}{4}$.

Danilewsky[1], qui a employé la même méthode, arrive à un rendement supérieur à celui de Fick, et va jusqu'à atteindre $\frac{1}{2}$.

Fick fait observer que ce chiffre est bien invraisemblable. En effet, on admet généralement que, chez un individu fournissant un travail énergique, le rendement est

1. B. Danilewsky, Ergebnisse weiterer thermodynamischer Untersuchungen der Muskeln, *Myothermische Untersuchungen*, publié par A. Fick, Wiesbaden 1889, p. 173-194.

d'environ $\frac{1}{5}$, c'est-à-dire que de toute l'énergie libérée par les combustions intraorganiques $\frac{1}{5}$ sert à produire du travail mécanique et $\frac{4}{5}$ sont rayonnés et perdus à l'état de chaleur. De sorte que, si l'on appelle Qc la chaleur fournie par tout le corps et Qt celle qui disparaît sous forme de travail, on a $Qc = 5\,Qt$. Appelons de même Qm la chaleur formée dans les muscles, d'après Fick on aurait $Qm = 4\,Qt$. En comparant ces deux égalités on a évidemment $\frac{Qc}{5} = \frac{Qm}{4}$, ce qui veut dire que si on partage la chaleur totale du corps en 5 parties, 4 de ces parties sont fournies par le tissu musculaire. Cela n'est pas étonnant, car on sait d'après tout ce que nous apprend la physiologie que les muscles constituent le grand producteur de chaleur de l'organisme. Avec le résultat de Danilewsky, on aurait $Qc = 5\,Qt$ et $Qm = 2\,Qt$ d'où $\frac{Qc}{5} = \frac{Qm}{2}$.

Il ne se produirait dans les muscles que les $\frac{2}{5}$ de la chaleur totale de l'organisme ; cela est peu probable.

Ces études sur le rendement du muscle ont été le point de départ de nombreuses discussions sur la nature de la machine animale et sur les transformations de l'énergie nécessaire au travail mécanique produit par l'homme et les animaux. Bien entendu, ce n'est pas le principe de l'équivalence qui est resté en discussion. Si les transformations chimiques de l'organisme mettent en liberté une certaine quantité d'énergie, cette énergie se retrouve intégralement dans la chaleur dégagée et le travail produit, ceci nous l'avons vu plus haut. Mais il s'agit de savoir comment se fait la transformation de l'énergie potentielle des tissus en énergie mécanique. Il se pourrait qu'il y ait d'abord une première phase consistant en un phénomène chimique ou une combustion avec dégagement de chaleur, puis une deuxième phase où une portion de cette chaleur serait transformée en travail suivant le rapport connu, une calorie fournissant 425 kilogrammètres. L'organisme vivant constituerait alors un véritable moteur thermique, au sens propre du mot, analogue aux machines à vapeur ou à air chaud de l'industrie, où il se produit une combustion dans le foyer, la chaleur étant consécutivement à ce premier acte transformée partiellement en travail.

Mais il peut arriver aussi que l'organisme vivant fonctionne suivant un procédé qui nous est d'ailleurs totalement inconnu, et grâce auquel le travail mécanique tirerait directement son origine de l'énergie potentielle en réserve dans certains matériaux des tissus, sans passer par l'intermédiaire de la chaleur.

La première des deux théories, celle d'après laquelle le muscle serait en somme un moteur thermique, a trouvé un défenseur dans Engelmann [1].

Dans un mémoire important Engelmann a exposé ses idées sur ce sujet et rapporté les expériences exécutées par lui sur un schéma construit d'après sa compréhension du muscle.

On sait que la fibrille musculaire se compose de disques alternativement clairs monoréfringents et de disques sombres biréfringents. Ce sont ces derniers qui sont considérés par la plupart des auteurs, et en particulier par Engelmann, comme les agents actifs de la contraction, les premiers ne servant que de liaisons. Engelmann pense que la diminution de longueur des disques sombres est due à une élévation de température et il montre qu'une corde en boyau, biréfringente comme le disque sombre, plongée dans l'eau, se raccourcit quand on la chauffe. Un schéma facile à concevoir, dans lequel la

1. Th. W. Engelmann, *Über den Ursprung der Muskelkraft*, Leipzig, W. Engelmann, 1893.

corde à boyau est placée dans l'axe d'une petite spirale de platine, lui permet de montrer ce phénomène d'une façon très élégante. La corde à boyau est fixée par une extrémité à un support immobile, l'autre extrémité est reliée à un levier myographique. Quand on fait passer un courant dans la spirale de platine, l'eau s'échauffe autour de la corde à boyau qui se raccourcit. Après la rupture du courant la corde revient peu à peu à sa longueur primitive. Le myographe trace ainsi sur un cylindre tournant lentement une courbe très analogue à celle de la secousse musculaire. La force que peut déployer la corde à boyau ainsi chauffée est considérable, et Engelmann pense qu'il n'y a aucune objection valable à faire quand il établit une analogie entre ce mécanisme et celui de la contraction musculaire. Le muscle serait donc d'après lui un moteur thermique.

Mais la plupart des physiologistes avaient, à la suite de Joule, de Clausius et de Hirn, adopté une autre manière de voir; d'après eux l'hypothèse du muscle moteur thermique serait incompatible avec le principe de Carnot. Fick[1], qui s'était déjà fait le champion de cette incompatibilité, reprit la question[2] à la suite du mémoire d'Engelmann.

L'homme qui a travaillé un jour, dit Fick, puis qui s'est reposé la nuit, est, au bout de vingt-quatre heures, revenu à l'état primitif. Il a décrit un cycle. Or l'expérience nous montre que le moteur animal peut fournir un travail équivalent au cinquième de l'énergie totale résultant des combustions intraorganiques, c'est-à-dire que son rendement est $\frac{1}{5}$. D'autre part le principe de Carnot nous

1. A. Fick, *Mechanische Arbeit und Wärmeentwickelung bei der Muskellhä-tigkeit*, p. 153 et suiv., Leipzig, F. A. Brockhaus, 1882.

2. A. Fick, Einige Bemerkungen zu Engelmann's Abhandlung über den Ursprung der Muskelkraft, *P. A.*, Bd. III, 1893, p. 606-615.

permet de déterminer le rendement d'un moteur thermique quand on connaît les limites de température dans lesquelles il fonctionne. La température la plus basse qui puisse se rencontrer dans le corps humain est 37° centigrades ou $273 + 37 = 310°$ absolus. Pour que l'on ait un rendement de $\frac{1}{5}$, il faut une source à température supérieure égale à 114°,5 centigrades ou 387°,5 absolus. Car, d'après la formule de Carnot, le rendement sera alors

$$\frac{387°,5 - 310°}{387°,5} = \frac{1}{5}.$$

Ce rendement ne s'obtiendra que dans les meilleures conditions de transformation, c'est-à-dire que la source à température supérieure doit être à une température de 114°,5 au minimum. Or une pareille température n'a jamais été constatée en aucun point du corps humain. Le moteur animal ne peut donc être de nature thermique.

Engelmann répond à cette objection en disant qu'il peut se produire une grande élévation de température en des points très réduits des muscles, mais en réalité toute cette discussion repose sur une mauvaise interprétation du principe de Carnot.

La formule du rendement d'un moteur thermique, telle qu'elle a été établie par Carnot, suppose une transformation de chaleur en travail à l'aide d'un cycle fermé. L'homme ne décrit pas en vingt-quatre heures un cycle fermé comme le croyait Fick, il est revenu en apparence seulement à l'état primitif. En effet il a absorbé des aliments, les a transformés en les brûlant aux dépens de l'oxygène de l'air, et ces transformations n'ont pas été suivies d'une opération inverse.

Nous avons vu à propos du principe de Carnot qu'en faisant ainsi des transformations en cycle non fermé on peut obtenir un rendement quelconque, aussi élevé qu'on le désirera. Toute l'argumentation de Fick tombe de ce seul chef, et je laisse de côté d'autres objections que l'on pourrait faire à son raisonnement.

Cela ne veut pas dire qu'Engelmann soit dans le vrai. L'étude des conditions dans lesquelles se produit le travail musculaire nous montre au contraire l'invraisemblance de la nature thermique du moteur vivant, bien mise en relief par Chauveau [1].

Tout muscle qui travaille s'échauffe, et quoique ayant produit un excédent de chaleur sur celle qu'il dégage au repos, au lieu de l'utiliser, comme le ferait un moteur thermique, non seulement il la laisse se perdre, mais il continue à en produire en supplément. Il y a lieu de considérer que le travail musculaire résulte d'une transformation directe de l'énergie potentielle en réserve dans les muscles, sans passer par l'intermédiaire de la chaleur, cette chaleur ne fait qu'accompagner l'opération ou en être la conséquence. Suivant l'expression de Chauveau, c'est un déchet.

Il n'y a pas lieu d'insister sur la manière dont l'énergie potentielle peut en se transformant produire le raccourcissement du muscle, nous ne ferions que tomber dans des hypothèses, dont une des plus vraisemblables est celle de Fick ou de Pflüger [2]. D'après ces auteurs, certains atomes de carbone et d'oxygène s'attireraient à un moment donné, la totalisation de ces attractions s'exerçant toutes dans une même direction se manifesterait par la contraction musculaire, qui cesserait aussitôt que les atomes de carbone et d'oxygène se seraient combinés pour former l'acide carbonique.

---

1. A. Chauveau, *Le travail musculaire et l'énergie qu'il représente*, p. 319 et suiv., Paris, Asselin et Houzeau, 1891.

2. E. Pflüger, Beiträge zur Lehre von der Respiration; Ueber die physiologische Verbrennung in den lebendigen Organismen, *P. A.*, Bd. X, 1875, p. 329 et suiv. — E. Pflüger, Nachtrag zu meinem Aufsatz : Ueber die physiologische Verbrennung in den lebendigen Organismen, *P. A.*, Bd. X, 1875, p. 641 et suiv.

TRAVAIL STATIQUE

Malgré de nombreux travaux, bien conçus, habilemen t exécutés, ni Heidenhain, ni Fick, ni aucun des auteurs qui ont étudié le travail musculaire n'ont pu établir de relation entre ce travail et les combustions qui l'accom - pagnent. C'est à Chauveau que nous devons d'avoir élu- cidé cette question capitale pour la physiologie du muscle.

Pour comprendre les travaux de Chauveau il est indis- pensable de revenir sur les considérations de mécaniqu e pure.

En premier lieu nous allons examiner le simple sou- tien d'un poids à une hauteur déterminée, c'est-à-dire ce que Heidenhain, Haughton et Chauveau ont appelé le travail statique.

Quand une force s'oppose à la chute d'un poids en agissant de bas en haut pour annuler les effets de l'attraction terrestre, cette force ne produit en réalité aucun travail. La condition essentielle, nous le savons, pour qu'une force produise du travail, est en effet le déplacement du point d'application de la force. Il n'y a donc aucune consommation d'énergie. La force de sou- tien produit sur le poids soutenu une impulsion; nous avons vu qu'il n'y a aucune relation entre les impulsions produites par les forces et les transformations d'énergie.

Mais examinons la façon dont la force de soutien a été obtenue.

Il peut arriver que le poids repose sur un appui fixe, une table par exemple. La force de soutien est alors la réaction exercée de bas en haut par la table. Les choses pouvant rester en cet état indéfiniment sans que nous ayons à nous en occuper, le poids sera toujours soutenu dans la même position, sans dépense d'aucune sorte.

Supposons que le poids soit soutenu d'une autre façon, par exemple qu'il soit suspendu à un fil enroulé sur un treuil actionné par un moteur électrique.

Si on ne fait passer aucun courant dans le moteur, son anneau se comportera comme une simple poulie, le poids descendra avec une vitesse accélérée. Pour qu'il y ait soutien il faudra, par un courant convenable, créer dans le moteur une force électromagnétique qui s'opposera au mouvement de descente. Mais alors, nous ne sommes plus dans le même cas que celui où le corps se trouvait soutenu par un simple étai. La force de soutien ne subsistera que par le passage du courant. Or la production de ce courant nécessite une dépense, que l'on emploie pour le produire une pile ou une machine dynamo-électrique.

On aurait pu aussi bien faire passer simplement le courant dans les bobines d'un électro-aimant et suspendre le poids à l'armature en fer doux, cela nécessiterait encore une dépense comme dans le cas précédent.

Enfin citons un troisième exemple. On pourrait placer le poids sur le piston d'un cylindre à vapeur vertical contenant de la vapeur d'eau sous pression. Par suite de la perte de chaleur par les parois, la vapeur aurait une tendance à se condenser, et pour éviter la descente il faudrait sans cesse amener de la vapeur nouvelle, ou de la chaleur en quantité égale aux pertes.

Nous allons maintenant faire sur ces trois cas quelques remarques d'une importance capitale.

1° Il y a d'abord quelque chose de commun aux trois cas. Dans aucun d'entre eux il n'y a de véritable consommation d'énergie. Dans le cas du simple soutien par un étai cela est évident, le corps soutenu est dans le même état à un moment quelconque, il n'a rien pris à l'appareil de soutien. Dans les autres cas toute l'énergie fournie se retrouve sous forme de chaleur transmise peu à peu au milieu dans lequel se trouve l'appareil, perte pure et simple de chaleur à travers les parois dans le cas du cylindre à vapeur, dégagement de chaleur dans le fil conducteur par suite du passage du courant dans le cas du soutien électromagnétique.

Si l'appareil de soutien se trouvait dans une chambre calorimétrique, on retrouverait dans le calorimètre toute la chaleur correspondant à l'énergie dépensée et provenant de la combustion du charbon servant à chauffer le cylindre à vapeur, ou de la dissolution du zinc dans la pile.

Il y a donc eu des transformations d'énergie dans la chambre calorimétrique, mais rien n'a été consommé pour soutenir le poids.

2° Il n'y a aucune relation générale entre la quantité d'énergie fournie à l'appareil de sustentation et le soutien du poids, la dépense varie avec la nature de l'appareil employé. J'insiste sur ce point capital, les opérations qui se sont passées dans le calorimètre dépendent de la nature de l'appareil de soutien. Avec le simple étai il n'y a aucune transformation, le calorimètre ne donne rien. Avec le cylindre à vapeur, si les joints étaient mathématiquement étanches et les parois d'une conductibilité nulle pour la chaleur, une fois une certaine portion de vapeur introduite, le poids serait soutenu indéfiniment sans dépense nouvelle, le calorimètre ne nous donnerait encore rien. La dépense pour ce cylindre à vapeur dépendra de la nature des parois et de la perfection des joints, c'est-à-dire d'une façon générale des fuites de chaleur dans l'appareil.

De même dans l'électro-aimant et la machine Gramme la dépense dépendra de la résistance du fil et de la construction de la machine.

On voit donc que les transformations d'énergie nécessaires pour soutenir un même poids sont essentiellement variables avec le dispositif employé pour effectuer ce soutien.

3° Mais s'il n'y a aucune relation générale entre la grandeur du poids soutenu par un moteur et la dépense d'alimentation de ce moteur, il peut y avoir des relations particulières quand on soutient divers poids à l'aide d'un même dispositif. F. Solvay[1] et après lui E. Lebert[2] ont attiré l'attention sur ce point, et pour le mettre bien en lumière, nous allons prendre quelques exemples simples. Supposons que l'on soutienne un poids P à l'aide d'un moteur électrodynamique, il faudra faire passer dans le moteur un courant d'intensité I dont la valeur dépendra de la construction du moteur. On apprend en électricité que la force déployée par le moteur sera proportionnelle à I^2, ainsi que la dépense. Doublons l'intensité du courant. La force deviendra $(2I)^2$ ou $4I^2$, elle suffira pour soutenir un poids $4P^2$, c'est-à-dire quatre fois plus lourd qu'auparavant. Mais la dépense est devenue $(2I)^2$ ou $4I^2$, c'est-à-dire quatre fois plus forte, elle croît donc dans le même rapport que le poids soutenu. On verrait qu'en triplant l'intensité du courant, on a une dépense neuf fois plus grande pour soutenir le poids 9P et ainsi de suite. Voici donc un cas particulier simple. *La dépense est proportionnelle au poids soutenu.*

1. E. Solvay, Sur l'énergie en jeu dans les actions dites statiques, sa relation avec la quantité de mouvement et sa différenciation du travail, *Comptes Rendus de l'Académie des Sciences*, t. CXXXVIII, 1904, p. 1261-1264.

2. E. Lebert, Énergie en jeu dans les actions statiques, *Comptes rendus de l'Académie des Sciences*, t. CXXXVIII, 1904, p. 1481-1483.

Passons à un autre cas, celui où l'appareil de soutien est un moteur électromagnétique. Pour soutenir un poids P, il faudra faire passer dans le moteur un certain courant I, dont la valeur dépendra de la construction du moteur, et, bien entendu, ne sera pas la même que dans le cas précédent. L'étude de l'électricité nous apprend que la force développée par le moteur est alors proportionnelle à I, mais que la dépense est proportionnelle à I^2. Si nous doublons la valeur de l'intensité du courant, la force du moteur aura doublé et pourra soutenir un poids 2P. Mais la dépense sera devenue $(2I)^2$ ou $4I^2$, c'est-à-dire quatre fois plus forte que pour le soutien du poids P. On voit que la dépense ne croît plus comme le poids soutenu, mais comme le carré de ce poids, pour soutenir un poids 3P, la dépense deviendra 9I et ainsi de suite. Il y a donc encore une relation bien nette. *La dépense est proportionnelle au carré du poids soutenu.* Cette relation n'est plus la même que dans le premier cas.

Considérons enfin un moteur à vapeur, constitué simplement par un cylindre vertical dans lequel se meut un piston. Plaçons un poids P sur le piston, pour le soutenir à une certaine hauteur il faudra que la vapeur ait à l'intérieur du corps de pompe une certaine pression, mettons 2,3 atmosphères. 1 atmosphère servant à contrebalancer la pression de l'air extérieur, il n'y a en réalité que 1,3 atmosphère utilisée pour soutenir le poids. Nous trouvons dans des tables spéciales que la température de la vapeur est alors de 125°. Si nous voulons soutenir un poids double du précédent, c'est-à-dire 2P, il faudra pousser la pression de la vapeur à 3,6 atmosphères, dont 2,6 seront utilisées pour le soutien du poids. Mais alors la température devra monter à 140° environ. Si nous admettons, pour simplifier, que la température extérieure soit de 0°, dans le premier cas les pertes par conductibilité à travers la paroi du cylindre seront proportionnelles à 125, et dans le second à 140, c'est-à-dire qu'elles auront augmenté dans le rapport de 1 à 1,12. Quand on voudra soutenir un poids 3P, les pertes deviendront 1,21 et ainsi de suite. *La dépense variera avec le poids soutenu suivant une loi complètement différente des précédentes.*

Dans chaque cas particulier on peut donc établir la loi de variation de la dépense avec la valeur du poids soutenu, mais il n'y a pas de relation générale.

4° Il y a un autre point à considérer que la variation du poids. Pour un même appareil et un même poids soutenu, la dépense peut varier avec la hauteur à laquelle se fait ce soutien. L'exemple le plus simple est celui d'un électro-animant. Plus l'armature s'approche de lui, plus fortement elle est attirée, ou autrement, pour la maintenir soulevée à une certaine hauteur on peut diminuer l'intensité du courant animant l'électro-aimant, à mesure qu'elle s'approche de lui. Cela revient à dire que la dépense est d'autant plus faible que le poids soulevé est maintenu à une plus grande hauteur. Pour un cylindre à vapeur contenant un piston, ce sera l'inverse. A mesure que le piston s'élève la cavité contenant la vapeur augmente, elle perd plus de chaleur par ses parois et la dépense sera de plus en plus grande. Pour un moteur électrique, l'anneau ayant toujours la même position par rapport aux bobines, la hauteur de soutien sera indifférente.

Il y a donc dans chaque cas particulier à tenir compte, pour l'évaluation de la dépense, de la hauteur à laquelle est soutenu le poids et, bien entendu, il n'est pas possible de formuler une règle générale à cet égard.

5° En résumé, quand, à l'aide d'un procédé quelconque, on veut soutenir un poids à une certaine hauteur, si le soutien se fait, non par un appui fixe, mais au moyen d'un moteur pouvant au besoin laisser descendre le poids ou l'élever, il faut alimenter le moteur. Cette alimentation exigera une certaine dépense, mais, ceci est extrèmement important, *il n'y aura aucune consommation d'énergie, toute l'énergie se retrouvera sous forme de chaleur soit dans l'appareil lui-même, soit dans le milieu ambiant. Pour chaque moteur particulier il faudra déterminer la loi reliant la dépense à la grandeur du poids soutenu et à la hauteur de ce soutien.*

Nous allons maintenant appliquer les principes précédents au moteur animé.

Il est entendu que lorsqu'un homme, un animal, ou un muscle isolé soutient un poids à une certaine hauteur, il ne produit en réalité aucun travail. Cependant, comme ce phénomène est accompagné d'une augmentation des combustions intraorganiques, Heidenhain[1] a dit qu'il se produisait du *travail statique.* Cette expression est regrettable, car elle a donné lieu à bien des confusions ; il est désirable de ne jamais modifier le sens d'expressions ayant dans la science une valeur bien déterminée. Le mot travail implique une opération dans laquelle le point d'application de la force se déplace, ce qui n'a pas lieu dans le simple soutien.

Quoi qu'il en soit, Heidenhein considère que la grandeur du travail statique dépend : 1° de la grandeur du poids soutenu ; 2° de la durée du soutien ; 3° du degré de contraction du muscle. Il serait proportionnel aux deux premiers de ces facteurs, et varierait dans un rapport inconnu avec le troisième. C'étaient là de pures hypothèses que Heidenhain n'appuya sur aucune preuve expérimentale ; il les considérait comme évidentes, mais elles le sont si peu qu'aucune de ces conditions n'est en général réalisée dans les divers moteurs, ainsi que nous l'avons vu.

A côté de Heidenhain nous trouvons S. Haughton[2].

---

1. R. Heidenhain, *Mechanische Leistung, Wärmeentwicklung*, etc., p. 38, Leipzig, Breitkopf und Härtel, 1864.
2. S. Haughton, *Principles of animal Mechanics*, second edition, p. 24, London, Longmans, Green and C°, 1873.

Haughton cherche a établir la valeur du travail statique (statical work) en partant de considérations purement théoriques dans lesquelles il fait intervenir la sensation de fatigue du sujet soutenant un poids. Il admet lui aussi que le travail statique est proportionnel au poids soutenu.

Il faut arriver aux travaux de Chauveau pour trouver des résultats expérimentaux.

Chauveau a opéré sur l'homme et a abordé le problème par plusieurs méthodes. La première est basée sur l'étude de l'élasticité du muscle et lui a été inspirée par les recherches de Donders et van Mansvelt[1]. Le sujet sur lequel on opère est assis, tenant le bras au corps verticalement, et l'avant-bras fléchi sur le bras au voisinage de l'horizontale. Il porte au poignet un bracelet muni d'un crochet auquel on suspend les poids. On expérimente donc sur les muscles fléchisseurs de l'avant-bras sur le bras, leur allongement étant évalué par les mouvements du bras, qui se comporte en somme comme un levier myographique dont le coude serait l'articulation. Les déplacements de ce bras se lisent sur un arc de cercle dans un plan vertical.

Dans la suite, Chauveau a considérablement perfectionné cette méthode, le bras et l'avant-bras sont supportés par un plan horizontal passant au niveau de l'épaule, l'avant-bras se meut en entraînant une tablette mobile autour d'un axe vertical passant par l'articulation du coude, et ses mouvements sont enregistrés automatiquement sur un cylindre. On n'a plus ainsi à tenir compte du poids de l'avant-bras ni à se préoccuper d'erreurs de lecture.

Un dispositif spécial permet de mettre en place ou de retirer les poids que le sujet doit soutenir. Il n'y a pas lieu d'insister ici sur ces détails expérimentaux qui

1. Van Mansvelt, *Over de elasticität der spieren*, Dissert., Utrecht, 1863, d'après Hermann's Handbuch der Physiologie.

ont été décrits par Tissot dans le premier volume du *Traité de Physique biologique.*

A l'aide de cette méthode Chauveau a étudié l'allongement élastique que subit un muscle soutenant un poids, lorsqu'on ajoute subitement une surcharge à ce poids. Pour que l'expérience soit si bonne, il faut que le sujet ne modifie pas l'effort qu'il fait, sans cela l'allongement que subit le muscle n'a plus aucune signification, on peut obtenir ce que l'on veut. Ce sujet doit par conséquent être bien dressé.

Chauveau [1] a résumé les résultats de ses laborieuses recherches en quatre propositions fondamentales que je vais successivement énoncer et expliquer pour en tirer finalement d'importantes conséquences.

1re Proposition. — *Dans un muscle mis en état de grande et parfaite élasticité par une contraction statique, raccourcissant le muscle toujours de la même manière, mais avec des variations de la valeur de la charge soutenue, une même surcharge produit des allongements dont la valeur est inversement proportionnelle à la charge.*

Ainsi, dans le dispositif de Chauveau, l'avant-bras se trouvant dans une position déterminée, avec un certain degré de flexion sur le bras, faisons soutenir par le sujet un poids de 1 kilogr. Au bout d'un moment ajoutons subitement un nouveau kilogr. : si le sujet ne modifie pas l'effort qu'il fait, nous enregistrons sur le cylindre recouvert de noir de fumée un déplacement de l'index correspondant à un certain allongement élastique des muscles. Si l'expérience est bonne, en supprimant la surchage de 1 kilogr., l'index doit revenir à son point primitif.

Faisons maintenant soutenir au sujet un poids de 2 kilogr., et ajoutons la surcharge de 1 kilogr., nous

1. A. Chauveau, Étude physique de l'élasticité acquise par le tissu musculaire en état de travail physiologique, *Comptes-Rendus de l'Académie des Sciences*, t. CXXVII, 1898, p. 983-992.

aurons un allongement des muscles et un déplacement de l'index moitié de ce qu'il était dans le cas précédent. Avec une charge primitive de 3 kilogr. l'allongement sera réduit au tiers.

2ᵉ PROPOSITION. — *Dans un muscle inégalement raccourci et soutenant ainsi sa charge à des hauteurs différentes, si cette charge est toujours la même, l'allongement produit par une même surcharge est toujours le même.*

Cette proposition est trop claire pour nécessiter une explication.

3ᵉ PROPOSITION. — *Conséquence des deux propositions précédentes. La valeur de l'allongement provoqué par une surcharge P dans un muscle en contraction statique pour le soutien d'une charge p, est proportionnelle à la valeur du rapport de la surchage à la charge.*

D'après la 2ᵉ proposition nous n'avons pas, pour évaluer un allongement, à nous préoccuper de la position du bras, et par suite de la longueur du muscle, au moment où l'on ajoute la surcharge. Un muscle, comme un morceau de caoutchouc ou un corps élatisque quelconque, s'allonge proportionnellement à l'accroissement du poids qui le tend, par conséquent dans le cas où l'on ajoute à un muscle une surcharge P, il doit s'allonger proportionnellement à P. Mais la 1ʳᵉ proposition nous apprend que toutes choses égales d'ailleurs cet allongement est en raison inverse de la charge p, donc le muscle qui supporte une charge p et auquel on ajoute une surcharge P, doit s'allonger proportionnellement à $\dfrac{P}{p}$.

4ᵉ PROPOSITION. — *Dans un muscle pris en un certain état de raccourcissement et soutenant une charge donnée, si le raccourcissement s'accroît d'une manière régulière, la surcharge nécessaire pour faire disparaître le surcroît de raccourcissement s'accroît d'une manière exactement symétrique.*

Cette proposition est également une conséquence des précédentes. Supposons qu'un muscle soutienne une charge p dans une certaine position et qu'il vienne à se raccourcir grâce à un certain effort exercé par le sujet. Pour le ramener à sa longueur primitive il faudra une surcharge P. Si partant de la première position le muscle se raccourcit deux fois plus que dans le premier cas, d'après la 2ᵉ proposition la surcharge P, donnant lieu à un allongement égal à celui du premier cas, il faudrait pousser cette surcharge jusqu'à 2 P pour faire disparaître l'allongement du second cas. De même 3 P seraient nécessaires pour faire disparaître un raccourcissement triple de celui du premier cas.

D'une façon générale la surcharge nécessaire pour annuler le raccourcissement doit être proportionnelle à ce raccourcissement.

Nous allons maintenant pouvoir déduire de ces propositions la valeur de l'effort nécessaire pour soutenir un poids quelconque dans une position également quelconque.

Supposons qu'un muscle, à partir d'une position de repos, se soit raccourci d'une longueur r et soutienne un poids p. Quelle surcharge faudra-t-il ajouter au muscle pour le ramener à sa longueur primitive? D'après la 4ᵉ proposition cette surcharge doit être proportionnelle à r. D'après la 3ᵉ proposition cette surcharge doit être proportionnelle à la charge p. Par suite elle doit être proportionnelle au produit pr. Si donc on ajoute au muscle une surcharge pr, il reprendra sa longueur primitive; il supportera alors une charge totale $p + pr$.

Donc quand un muscle soutient une charge p avec un raccourcisement r il développe le même effort qu'en soutenant un poids $p + pr$ sans se raccourcir, mais aussi sans allongement élastique au delà de sa longueur de repos.

Chauveau admet que, la force provoquée par la contraction du muscle étant directement liée aux combustions qui s'y passent, cette force est proportionnelle aux dépenses. Par conséquent la dépense de soutien d'un poids p à une hauteur r est mesurée par $p + pr$ ou $p(1 + r)$. Mais cette conclusion est prématurée; nous avons vu en effet que la dépense d'un moteur n'est pas forcément proportionnelle au poids soutenu dans une même position, cela dépend du moteur, et il importait de vérifier comment le muscle se comportait à cet égard. C'est pour faire cette vérification que Chauveau mit en œuvre un deuxième procédé.

Nous avons vu que, dans le soutien d'un poids, quel que soit le procédé employé, il n'y a pas de consommation d'énergie; toute l'énergie fournie au moteur pour son fonctionnement reparaît sous forme de chaleur. On peut donc évaluer la dépense d'alimentation du moteur en mesurant la quantité de chaleur dégagée.

Dans le cas des expériences de Chauveau cette mesure n'est pas aisée, cependant le dispositif déjà employé par Béclard peut donner de bons résultats. Il consiste, comme on sait, à appliquer sur le bras un thermomètre très sensible, à lire l'évaluation de température accompagnant une opération et à considérer le dégagement de chaleur comme proportionnel à cette élevation de température.

C'est là le procédé mis en œuvre par Chauveau[1].

En premier lieu il s'agissait de vérifier si la quantité de chaleur dégagée variait proportionnellement au poids soutenu, les résultats de cette série sont résumés dans le tableau suivant.

---

1. L'élasticité active du muscle et l'énergie, consacrée à sa création dans le cas de contraction statique, *Comptes-Rendus de l'Académie des Sciences,* t. CXI, 1890, p. 19-26.

MOYENNE DE 5 EXPÉRIENCES DE 2 MINUTES			MOYENNE DE 3 EXPÉRIENCES DE 4 MINUTES		
Poids soutenu.	Échauffement.	Rapport des échauffements au premier	Poids soutenu.	Échauffement.	Rapport des échauffements au premier.
1 kil.	0°,17	1	1 kil.	0°,25	1
2 —	0°,32	1,88	2 —	0°,58	2,32
5 —	0°,98	5,76	5 —	1°,15	4,60

Étant donnée la difficulté de ces expériences, le résultat d'ensemble n'est certainement pas mauvais, la dépense doit être considérée comme sensiblement proportionnelle au poids soutenu.

Voyons maintenant l'effet du raccourcissement plus ou moins considérable du muscle. En opérant sur les fléchisseurs de l'avant-bras, il est impossible de déterminer directement le raccourcissement de ces muscles, mais on peut relever l'angle que fait cet avant-bras avec l'horizontale et considérer les variations de cet angle comme proportionnelles aux variations de longueur du muscle; cette approximation est largement suffisante, si l'on ne s'éloigne pas trop de l'horizontale. Voici deux exemples des résultats obtenus par Chauveau.

A. — Soutien de 2 kilogrammes pendant 2 minutes.

ANGLE DU BRAS	ÉCHAUFFEMENT LU	ÉCHAUFFEMENT CALCULÉ	ÉCART RELATIF ENTRE LES DEUX ÉCHAUFFEMENTS
1	2	3	4
— 40°	0°,28	0°,28	0
— 20°	0°,50	0°,43	+ 0,16
0°	0°,67	0°,58	+ 0,15
+ 20°	0°,78	0°,73	— 0,06
+ 40°	0°,88	0°,88	0

B. — Soutien de 5 kilogrammes pendant 2 minutes.

ANGLE DU BRAS 1	ÉCHAUFFEMENT LU 2	ÉCHAUFFEMENT CALCULÉ 3	ÉCART RELATIF ENTRE LES DEUX ÉCHAUFFEMENTS 4
— 30°	0°,88	0°,80	0
— 10°	1°,18	1°,13	+ 0,04
+ 10°	1°,50	1°,38	+ 0,08
+ 30°	1°,64	1°,64	0

D'après les études de Chauveau sur l'élasticité du muscle contracté et les conclusions qu'il en a tirées, les échauffements devraient varier proportionnellement à l'accroissement du raccourcissement, car pour un même poids p, un raccourcissement r exige une dépense $D = p + pr$, un raccourcissement r' une dépense $D' = p + pr'$. La différence entre ces deux dépenses est $D — D' = p(r — r')$. Les nombres de la colonne 3 sont calculés en admettant cette règle et prenant comme exacts le premier et le dernier nombres. En examinant alors la colonne des écarts, on voit que pour de pareilles expériences les résultats sont remarquablement bons.

Cependant Chauveau ne s'est pas contenté de cette vérification, et a employé une troisième méthode, consistant à évaluer les combustions, et par suite la dépense, par la mesure des échanges gazeux de la respiration [1]. Cette méthode est susceptible d'une grande précision, grâce à l'outillage dont disposait Chauveau et dont la description se trouve dans le Tome I du *Traité de Physique biologique*.

<hr>

[1]. A. Chauveau, L'énergie dépensée par le muscle en contraction statique pour le soutien d'une charge, d'après les échanges respiratoires, *Comptes-Rendus de l'Académie des Sciences*, t. CXXIII, 1896, p. 1236-1241.

Les résultats de ces mesures se trouvent dans les tableaux suivants.

Raccourcissement constant avec charge variable.

CHARGE	SURACTIVITÉ DES ÉCHANGES RAPPORTÉS A L'UNITÉ	
	CO_2	O
1 666	1,0	1,0
3 333	1,8	1,7
5 000	2,7	2,7

On voit que l'on peut encore par cette méthode considérer les échanges comme très sensiblement proportionnels aux poids soutenus.

**Raccourcissement variable avec charge constante
5 kilogrammes.**

ANGLE DU BRAS	SURACTIVITÉ DES ÉCHANGES RAPPORTÉS A L'UNITÉ	
	CO_2	O
— 20°	1,0	1,0
0°	1,31	1,39
+ 20°	1,63	1,58

D'après les prévisions de Chauveau les nombres correspondants à l'angle 0° devraient être la moyenne entre ceux de — 20° et + 20°, or on a en prenant cette moyenne 1,31 pour CO_2 et 1,29 pour O. L'approximation est donc encore très satisfaisante.

Nous pouvons donc conclure de l'ensemble des recherches de Chauveau que lorsqu'un muscle soutient un poids p, le raccourcissement étant nul la dépense est simplement proportionnelle au poids et est représentée par Kp. Si le muscle effectue ce même soutien avec un raccourcissement r, il y a une augmentation de dépense $K'pr$ proportionnelle au poids p et au degré de raccourcissement r. La dépense totale est donc $Kp + K'pr$. En choisissant convenablement l'unité à l'aide de laquelle on mesure r, on peut rendre $K = K'$, alors la dépense est représentée par $Kp + Kpr = Kp(1 + r)$.

TRAVAIL POSITIF

Il faut maintenant examiner ce qui se passe quand, au lieu de soutenir simplement le poids, on l'élève ou on l'abaisse, c'est-à-dire quand il y a réellement production de travail extérieur.

Dans le cas où le poids est élevé il prend à mesure qu'il monte, ainsi que nous l'avons vu, une énergie potentielle croissante. Cette énergie, il faut qu'il l'emprunte ailleurs, c'est le moteur qui la fournit, on dit que le travail fourni par le moteur est positif. Au contraire, dans le cas où le poids descend, son énergie potentielle décroît, il rend du travail au lieu d'en emprunter. Dans ce dernier cas on dit que le travail fourni par le moteur est négatif. Quand le poids était soutenu le travail extérieur au moteur était nul.

Nous savons que lorsque le travail extérieur est nul, il se produit cependant dans le moteur des transformations d'énergie que nous avons étudiées et qui se manifestent tout entières sous forme de chaleur. De même quand le moteur fournit du travail extérieur soit positif, soit négatif, il est encore le siège de transformations d'énergie, mais nous n'en retrouvons pas l'équivalence entière en chaleur, puisqu'il faut tenir compte de ce qui a été utilisé par le travail extérieur ou fourni en excès par lui, suivant le cas.

Occupons-nous d'abord exclusivement du travail positif. Considérons un moteur quelconque soulevant un poids P avec une vitesse V ; dans l'unité de temps, en une minute, par exemple, il le fera monter de la hauteur h. Pendant ce temps il se produira dans ce moteur des transformations d'énergie dépendant de la nature du moteur bien entendu, mais aussi, pour un même moteur, de ses conditions de fonctionnement, c'est-à-dire de sa vitesse et de l'effort qu'il est obligé de déployer.

Car selon que ce moteur aura à vaincre une résistance plus ou moins grande, selon qu'on voudra le faire marcher plus ou moins vite, il faudra varier son alimentation, qu'elle consiste en courant électrique, vapeur, ou énergie sous toute autre forme.

Le problème à résoudre est d'évaluer la dépense d'un moteur suivant les différentes conditions dans lesquelles il produit du travail.

Chauveau a étudié cette question sur le muscle et sur un moteur inanimé, un moteur électrique, et est arrivé à une loi très remarquable de la dépense.

Considérons avec Chauveau soit le muscle, soit le moteur électrique soulevant un poids P à une hauteur h. Nous savons que ce soulèvement exige une dépense de travail représentée par Ph. L'énergie équivalente à ce travail ne peut être empruntée qu'à la source qui alimente le moteur ou aux combustions intra-organiques.

Si l'on avait simplement soutenu le poids à une certaine hauteur, pendant la même durée que celle de l'élévation, nous savons que cette opération aurait nécessité une dépense, je la représente par Qs.

Si, au contraire, on supprimait complètement le poids, pour maintenir le moteur à la vitesse avec laquelle s'est produit le soulèvement, il aurait aussi fallu faire une dépense, soit Qv.

Quand on procède à l'élévation du poids, on le soutient

aussi, on donne de plus au moteur la vitesse nécessaire au soulèvement ; ces trois opérations se produisent simultanément, et il y a lieu de se demander si la dépense totale D est égale à la somme des dépenses partielles des opérations isolées, si en somme $D = Ph + Qs + Qv$. Pour simplifier le raisonnement, je néglige la dépense qui résulterait des frottements.

L'exactitude de cette formule est loin d'être évidente. Dans un grand nombre d'opérations les causes ou les effets ne s'additionnent pas purement et simplement. Il peut arriver que plusieurs causes se produisant simultanément, il y ait entre elles des suppléances, ou des influences réciproques diverses qui altèrent l'addition des effets.

Qnand on brûle un corps, et que la flamme qui accompagne cette combustion a une température de 1500°, il n'en résulte pas que la combustion simultanée de dix corps semblables donne une flamme à 15 000°. De même si on rattache une pile à un galvanomètre et que l'on observe une déviation de 10° sur l'échelle, il ne faut pas en conclure que deux piles pareilles agissant simultanément produisent une déviation de 20°. Et l'on pourrait multiplier ces exemples à l'infini.

Il y a donc lieu d'examiner la formule de la dépense donnée plus haut et proposée par Chauveau.

Bien entendu, dans un moteur idéalement parfait, la dépense nécessaire pour produire un travail d'élévation Ph devrait être tout entière consacrée à ce travail, elle devrait être équivalente à Ph, il n'y aurait aucune dépense accessoire, comme il n'y a aucune dépense accessoire quand on soutient un poids sur un appui fixe. Le rendement, c'est-à-dire le rapport entre le travail utile et la dépense d'alimentation du moteur, serait alors égal à l'unité. Mais, dans la pratique, il n'en est jamais ainsi.

J'ai montré[1] que dans un moteur quelconque la dépense pouvait se représenter par la formule :

$$D = Ph + Qs + Qv - Qf + R$$

dans laquelle D est la quantité d'énergie à fournir au moteur pour lui faire soulever le poids P à la hauteur h avec une certaine vitesse v, c'est-à-dire la dépense totale. Qs est la dépense qui serait simplement nécessaire au soutien du poids, un léger accroissement de Qs donnant lieu au soulèvement, Qv la dépense qui serait nécessaire pour animer le moteur à vide d'une vitesse v, Qf la dépense des frottements, R un terme complémentaire. Ceci est une formule rigoureusement exacte, l'expérience prouvera dans chaque cas particulier si l'on peut négliger le terme R ou le terme Qf, et alors la formule pourra se réduire. Au premier abord, il semblera étrange que la dépense due au frottement Qf se retranche des autres éléments de cette dépense. Mais il faut remarquer que cette quantité entre implicitement déjà deux fois dans le second membre, une fois dans Qs et une fois dans Qv : il n'est donc pas étonnant qu'il faille la retrancher pour ne la laisser subsister qu'une fois. On pourrait si on le désirait faire apparaître la valeur du frottement dans Qs et Qv et l'on aurait une expression entièrement composée de termes positifs, mais la première forme de l'équation se prête en général mieux aux applications expérimentales.

Cette formule de la dépense établie expérimentalement par M. Chauveau a été pour la première fois vérifiée par lui d'une façon précise, sur un moteur électrique[2]. Il a

1. G. Weiss, Le travail musculaire d'après les recherches de M. Chauveau, *Revue générale des Sciences pures et appliquées*, 1892, p. 147-154.

2. A. Chauveau, Étude expérimentale de la dissociation des éléments constitutifs de la dépense énergétique des moteurs employés à une production de travail positif, *Comptes-Rendus de l'Académie des Sciences*, t. CXXXIV, 1902, p. 1266-1271.

constaté que l'on pouvait, dans les limites où il a opéré, négliger le terme complémentaire R.

Voici en effet les résultats obtenus par Chauveau dans cette expérience importante.

PREMIÈRE SÉRIE : **Poids variable et vitesse constante.**

NUMÉROS D'ORDRE	P	h	Ph	Ph EN WATTS	D MESURÉ	Ph	Q_s	Q_v	Q_f	D CALCULÉ
I	10	0,025	0,25	2,5	*17,5*	2,5	8,5	11	4,5	*17,5*
II	20	0,025	0,50	5	*26*	5	14	11	4,5	*25,5*
III	30	0,025	0,75	7,5	*36,2*	7,5	22,5	11	4,5	*36,5*
IV	40	0,025	1,00	10	*49,2*	10	32,15	11	4,5	*48,65*

DEUXIÈME SÉRIE : **Poids constant et vitesse variable.**

NUMÉROS D'ORDRE	P	h	Ph	Ph EN WATTS	D MESURÉ	Ph	Q_s	Q_v	Q_f	D CALCULÉ
I	10	0,025	0,25	2,5	*17,3*	2,5	8,3	10,8	4,5	*17,1*
II	10	0,05	0,5	5	*22,5*	5	8,3	13,5	4,5	*22,3*
III	10	0,075	0,75	7,5	*29,5*	7,5	8,3	18	4,5	*29,3*
IV	10	0,10	1,00	10	*39*	10	8,3	25	4,5	*38,8*

On voit que les écarts entre la dépense directement mesurée du moteur électrique soulevant un poids et la dépense calculée en déterminant Ph, Qs, Qv et Qf et appliquant la formule de Chauveau en négligeant le terme R, sont très faibles, dans les limites de poids et de vitesse où Chauveau a opéré.

Moi-même j'ai repris une vérification analogue[1] sur un

1. G. Weiss, Sur un moteur permettant d'étudier l'influence des divers facteurs qui font varier le rendement, *Comptes-Rendus de la Société de Biologie*, 1903, p. 377-379. — G. Weiss, Sur le degré d'approximation de la formule de M. Chauveau, *Comptes-Rendus de la Société de Biologie*, 1903, p. 379-382.

moteur hydraulique dans lequel je pouvais facilement faire varier à volonté les conditions de rendement et de travail. Sur ce moteur le terme Qf était complètement négligeable, et j'ai pu établir qu'en restant dans certaines limites de poids soulevé et de vitesse, la formule de Chauveau réduite à

$$D = Ph + Qs + Qv$$

donne une approximation très suffisante.

Le tableau suivant résume l'ensemble des vérifications faites sur ce moteur à eau pour le soulèvement de poids de 1 kilogr. ou de 10 kilogr. avec des vitesses variables de 0 m. 001 à 0 m. 10 par seconde. Dans ces expériences

VALEUR DE h	DÉPENSE POUR 1 KILOGRAMME		DÉPENSE POUR 10 KILOGRAMMES	
	D	Σ	D	Σ
Pour V = 0,001				
$h = 0,1$	6,09	6,05	63,01	62,66
$h = 0,2$	10,48	10,45	71,24	70,89
$h = 0,4$	20,91	20,97	88,60	88,27
$h = 1,0$	63,01	62,96	147,22	146,89
V = 0,001				
$h = 0,1$	32,72	31,54	177,10	169,15
$h = 0,2$	47,05	46,08	194,92	187,53
$h = 0,4$	77,19	76,39	231,41	224,68
$h = 1,0$	177,10	176,47	347,20	341,39
V = 0,1				
$h = 0,1$	56,11	55,19	69,92	64,67
$h = 0,2$	56,86	57,14	71,34	66,66
$h = 0,4$	61,08	60,54	74,15	70,12
$h = 1,0$	69,92	69,58	82,41	79,32

on a aussi fait varier la hauteur h à laquelle se trouvait le poids au moment où l'on évaluait le travail, car à diverses hauteurs la dépense n'est pas la même, comme cela arrive du reste pour le muscle.

Nous savons en effet, d'après les recherches de Chauveau, qu'un muscle soutenant un même poids aux divers degrés de raccourcissement ne fait pas la même dépense, il en est de même dans mon moteur quand le poids se trouve à une hauteur plus ou moins grande au-dessus d'un certain repère.

Dans le tableau précédent, D représente, dans chaque cas, la dépense réelle directement déterminée, Σ cette même dépense calculée par la formule de Chauveau, en faisant la mesure des trois termes Ph, Qs et Qv déterminés séparément. Les écarts ne commencent à prendre réellement de l'importance que lorsqu'on cherche à soulever un poids considérable avec une grande vitesse.

On voit donc que même avec un moteur déterminé, on ne peut dire quelle est la dépense nécessaire pour produire une certaine quantité de travail, il est absolument indispensable de savoir quels sont les éléments de ce travail, le poids soulevé ou plus généralement la force déployée, et la vitesse avec laquelle l'opération est effectuée. On peut alors dissocier les divers facteurs de la dépense.

En particulier sur le muscle, on ne peut, comme l'ont vainement tenté les auteurs antérieurs à Chauveau, établir une relation d'équivalence générale entre le travail produit par un muscle et les combustions intraorganiques. Cette dépense pourra se déterminer dans chaque cas particulier.

Il serait désirable de pouvoir vérifier sur le muscle la formule de Chauveau, comme il l'a vérifiée lui-même sur un moteur électrique et moi sur un moteur hydraulique, mais cette opération est extrêmement difficile à réaliser.

Prenons en effet la formule de Chauveau réduite en supposant les frottements négligeables,

$$D = Ph + Qs + Qv.$$

Pour que cette égalité subsiste, il faut évidemment que tous les termes en soient évalués au moyen de la même unité. Si, par exemple, on détermine des échanges gazeux accompagnant le soutien, la production de la vitesse à vide, et le travail pendant l'élevation du poids, on aura évalué Qs, Qv et D en fonction de l'oxygène absorbé par exemple, mais on ne connaîtra pas Ph évalué de cette même façon, on ne pourra donc vérifier l'égalité. On ne voit guère le moyen de connaître l'équivalence de Ph en oxygène absorbé ou CO_2 rendu.

Il n'y aurait qu'un seul autre moyen de vérification. Rappelons-nous ce que nous avons dit à propos de la dépense exigée pour le simple soutien d'un poids. Dans cette opération aucune quantité d'énergie n'est en réalité absorbée par le soutien, elle reparaît tout entière sous forme de chaleur. Dans le soulèvement du poids, il y a production de travail extérieure, Ph, le poids s'est élevé, il renferme finalement une énergie potentielle supérieure à celle du début, et cette énergie potentielle a été empruntée à la dépense totale. Mais tout le restant, c'est-à-dire l'ensemble des termes $Qs + Qv$, doit reparaître sous forme de chaleur, car on ne retrouve pas sa valeur en énergie mécanique.

Si donc on mesurait la quantité de chaleur qui se manifeste réellement pendant le soulèvement du poids, et qui correspond à la dépense totale moins l'énergie emmagasinée par le poids, cette quantité de chaleur devrait être égale à la somme de celles qui se dégagent lors du simple soutien et de la production de vitesse à vide.

Nous avons vu, à propos du travail statique, comment Chauveau a opéré, pour comparer les quantités de chaleur dégagées dans les muscles du bras lors de leur activité. Cette comparaison se faisait à l'aide d'un thermomètre appliqué sur le bras. En employant cette méthode on pourrait peut-être vérifier la formule du travail ; ces expériences seraient extrêmement délicates, elles n'ont pas encore été faites.

Mais au lieu de faire une vérification complète et directe de cette formule, en l'appliquant au muscle comme on l'a appliquée aux moteurs inanimés, on peut se placer dans des cas particuliers, et voir si les résultats obtenus s'accordent avec les prévisions tirées de la formule. Nous trouvons un grand nombre de ces cas particuliers dans les nombreuses déterminations expérimentales de Chauveau ainsi que nous le verrons plus loin.

Dans les anciennes recherches où Chauveau mesurait les dépenses accompagnant soit le travail statique soit le travail dynamique, au moyen des échanges gazeux, ce travail n'était effectué que par les fléchisseurs de l'avant-bras sur le bras. Un nouveau dispositif permet de faire entrer en jeu alternativement les fléchisseurs et les extenseurs, pour produire le même effet de soutien ou d'élévation. Cet effet est alors, dans tous les cas, continu, il n'y a plus de retour à vide, et l'on comprendra l'avantage de ce dispositif en songeant à la nécessité des mises en train et des dépenses à vide dans les mouvements alternatifs. Quand, à l'aide des fléchisseurs, on veut, dans l'ancien dispositif de Chauveau, soulever un poids à une hauteur déterminée, on ne peut le faire d'une seule flexion. Il faut après un premier soulèvement fixer le poids, puis étendre le bras pour exécuter une deuxième opération analogue à la première et ainsi de suite. Or, à chaque répétition du mouvement, on étend le bras à vide, il en résulte une certaine dépense qui ne devrait pas intervenir dans l'expérience. De plus, au moment où l'on commence à soulever le poids, les muscles fléchisseurs passent du repos au maximum de contraction nécessaire. Ce passage, cette mise en train, peut nécessiter une dépense spéciale qu'il y a intérêt à diminuer ou dont, tout au moins, il est nécessaire de connaître l'influence ; on peut y arriver au moyen du nouveau dispositif de Chauveau, dans lequel un mécanisme spécial porte la charge alternativement sur les fléchisseurs et sur les extenseurs du bras.

Avec ce nouveau dispositif Chauveau[1] a tout d'abord repris ses expériences sur le simple soutien d'un poids, mais au lieu de prolonger ce soutien au moyen des fléchisseurs du bras seuls pendant toute la durée de l'expérience, c'étaient alternativement les fléchisseurs et les extenseurs qui entraient en jeu. On pouvait d'ailleurs varier le nombre des alternances et par suite des mises en train, le temps réel du soutien restant constant.

Soutien du poids pendant 3 minutes.

POIDS SOUTENU	RAPPORT DES POIDS AU PREMIER	13 ALTERNANCES PAR MINUTE		2 ALTERNANCES PAR MINUTE	
		Excès d'O sur le repos.	Variation de l'O	Excès d'O sur le repos	Variation de l'O
1 kg. 5	1	40 cc.	1	36 cc.	1
3 —	2	79 —	2	65 —	1,8
4 — 5	3	133 —	3,2	101 —	2,8
6 —	4	197 —	4,9	157 —	4,3

En considérant les colonnes de variations de l'oxygène absorbé, on voit que la dépense croît très sensiblement proportionnellement au poids soutenu, ce qui confirme les premières expériences de Chauveau. Mais, en plus, la comparaison de l'absorption de l'oxygène dans le cas de 13 alternances et de 2 alternances par minute nous montre qu'il y a une dépense spéciale à la mise en train

1. A. Chauveau, La contraction musculaire appliquée au soutien des charges sans déplacement (travail statique du muscle). Confrontation de ce travail intérieur avec la dépense énergétique qui l'engendre, influence de la valeur de la charge, *Comptes-Rendus de l'Académie des Sciences*, t. CXXXVIII, 1904, p. 1465-1470.

des muscles ; il y a, en effet, toujours un accroissement de cette dépense quand le nombre des alternances passe de 2 à 13, toutes choses égales d'ailleurs.

Si l'on fait les différences entre les chiffres correspondants des deux colonnes d'excès d'O, on a la dépense résultant, pour un même poids, d'une augmentation des alternances, soit ce que coûtent $13 - 2 = 11$ alternances par minute. On a ainsi les nombres 4 — 9 — 32 — 40. On voit que la dépense croît avec le poids soutenu, ce qui est naturel, la mise en train étant d'autant plus importante que le poids à soutenir est plus grand.

Le tableau suivant fera mieux encore ressortir la dépense spéciale aux alternances et aux mises en train des muscles [1].

Soutien du poids pendant 3 minutes.

NOMBRE DES ALTERNANCES	ACCROISSEMENT RELATIF DU NOMBRE DES ALTERNANCES	POIDS SOUTENU 1 KILOGRAMME 5		POIDS SOUTENU 4 KILOGRAMMES 5	
		Excès d'O sur le repos,	Accroissement relatif de O	Excès d'O sur le repos	Accroissement relatif de O
13		36 cc.	»	98	»
26	1	44 —	1	125	1
39	2	63 —	3,3	163	2,4
52	3	76 —	8	187	3,3

Avec un poids lourd la dépense croît à peu près proportionnellement à l'accroissement du nombre des alternances, avec le poids faible cette augmentation est plus rapide. Il ne faut pas oublier que ces expériences sont extrêmement délicates.

1. A. Chauveau, Influence de la discontinuité du travail du muscle sur la dépense d'énergie qu'entraîne la contraction statique appliquée à l'équilibration simple d'une résistance, *Comptes-Rendus de l'Académie des Sciences*, t. CXXXVIII, 1904, p. 1561-1567.

Revenons maintenant au soulèvement du poids.

Voyons d'abord ce qui se passe quand la valeur du poids soulevé varie; la hauteur à laquelle on l'élève, le nombre des alternances et la vitesse de soulèvement restant constants.

Dans la formule de la dépense $D = Ph + Qs + Qv$, nous pouvons faire disparaître l'influence du soutien. Les expériences sur le travail statique nous donnent en effet la valeur du terme Qs, par soustraction, nous n'aurons plus que la dépense D', se rapportant aux deux termes $Ph + Qv$.

L'un de ces termes reste constant, c'est Qv, puisque la vitesse ne change pas; l'autre croît proportionnellement au poids soulevé P.

Nous pouvons[1] trouver les éléments de cette vérification dans les déterminations de Chauveau, j'y ai puisé le tableau suivant. Remarquons qu'en retranchant de la dépense totale D, la dépense D', affectée au soutien Qs, nous faisons aussi disparaître la dépense spéciale aux alternances, car elle est contenue dans D et dans D'.

Dépense dans le cas du soulèvement d'un poids variable à la même hauteur; vitesse constante et même nombre d'alternances (13) par minute.

P	D EN OXYGÈNE	D'[2] EN OXYGÈNE	D — D'	ACCROISSEMENT DE D — D'	ACCROISSEMENT RELATIF DE D — D'	ACCROISSEMENT RELATIF DE Ph
1 kg. 5	99 cc.	40 cc.	59 cc.	»	»	»
3 —	158 —	79 —	90 —	20	1	1
4 — 5	241 —	133 —	108 —	49	2,4	2
6 —	324 —	197 —	127 —	68	3,4	3

1. A. Chauveau, Le travail musculaire et sa dépense énergétique dans la contraction dynamique, avec raccourcissement graduellement croissant des muscles s'employant au soulèvement des charges (travail moteur), *Comptes-Rendus de l'Académie des Sciences*, t. CXXXVIII, 1904, p, 1669-1675.

2. Voir page 212.

Les accroissements relatifs de D — D' devraient être égaux aux accroissements de Ph, mais quand on songe à la complication et à la difficulté de pareilles expériences la vérification ne peut paraître que satisfaisante.

La deuxième vérification consiste à laisser le poids soulevé constant et à faire varier la hauteur à laquelle on le fait monter, en augmentant graduellement le nombre des alternances.

Reprenons encore la formule de la dépense.

$D = Ph + Qs + Qv$. Dans ce cas nous connaissons encore la dépense D' nécessitée par le soutien ; en la retranchant de la dépense totale il nous restera $D — D' = Ph + Qv$. Les deux termes Ph et Qv dépendent de la vitesse de soulèvement, nous allons voir comment cette dépense D — D' varie avec la vitesse.

Dépense dans le cas d'un soulèvement d'un même poids 1 kilogramme 5, à hauteur variable par suite de la variation du nombre des alternances 13, 26, 39, 52.

NOMBRE D'ALTERNANCES	D EN OXYGÈNE	D'[1] EN OXYGÈNE	D — D'	VARIATION RELATIVE DE D — D'	VARIATION RELATIVE DE LA VITESSE
13	91 cc.	36 cc.	55	1	1
26	151 —	44 —	107	2	2
39	199 —	63 —	136	2,5	3
52	243 —	76 —	167	3	4

Il semble que la dépense par variation de la vitesse croisse moins rapidement que cette vitesse, mais l'écart est faible; il peut tenir à la complication de l'expérience, d'autant plus que le facteur D' semble croître un peu trop rapidement; la soustraction dans D — D' serait donc trop importante et cela suffirait pour expliquer l'écart entre

1. Voir page 213.

la variation de D — D′ et celle de la vitesse. Il y aurait lieu d'évaluer directement la dépense due à la vitesse seule en effectuant les mouvements de bras à vide, sans soulever de poids, c'est-à-dire sans faire de travail extérieur. Cette détermination n'a pas encore été faite par Chauveau.

On peut aussi, pendant la production du travail, déterminer isolément l'influence des alternances et des mises en train du muscle. Supposons que l'on soulève un poids donné avec un certain nombre d'alternances par minute, si l'on double le nombre de ces alternances, mais qu'entre chacune d'elles l'amplitude du mouvement soit réduit de moitié, il est évident qu'au bout du même temps on aura effectué le même parcours. Le même poids sera soulevé à la même hauteur avec la même vitesse, mais le nombre des alternances et des mises en train aura doublé.

On pourra de même tripler ou quadrupler le nombre de ces alternances sans rien changer au poids, à la vitesse et au travail produit. — Chauveau a fait ainsi des déterminations de la dépense de mise en train [1].

Dépense pour produire un même travail avec un nombre variable d'alternances. Poids soulevé, 3 kilogrammes.

NOMBRE D'ALTERNANCES	OXYGÈNE ABSORBÉ	ACCROISSEMENT DE L'OXYGÈNE	ACCROISSEMENT RELATIF DE L'OXYGÈNE	ACCROISSEMENT RELATIF DE N
13	108 cc.	»	»	»
26	118 —	10 cc.	1	1
39	135 —	27 —	2,7	2
52	143 —	35 —	3,5	3

1. A. Chauveau, Le travail musculaire et sa dépense énergétique dans la contraction dynamique, avec raccourcissement graduellement croissant des muscles, s'employant au soulèvement des charges (travail moteur). Influence du nombre des excitations de la mise en train de la contraction, *Comptes-Rendus de l'Académie des Sciences*, t. CXXXIX, 1904, p. 13-19.

Poids soulevé, 5 kilogrammes.

NOMBRE D'ALTERNANCES	OXYGÈNE ABSORBÉ	ACCROISSEMENT DE L'OXYGÈNE	ACCROISSEMENT RELATIF DE L'OXYGÈNE	ACCROISSEMENT RELATIF DE N
13	252	»	»	»
26	289	37	1	1
39	325	73	2	2
52	345	93	2,5	3

Les nombres portés dans la quatrième et la cinquième colonne nous montrent que l'oxygène absorbé croît sensiblement comme le nombre des alternances; ces expériences ont donc une précision très satisfaisante. Des nombres de la troisième colonne on peut tirer le coût approximatif d'une mise en train.

Nous devons encore tirer des expériences de Chauveau un résultat pouvant avoir une grande importance pratique. Comparons les dépenses d'oxygène des tableaux des pages 214 et 215. Dans le premier d'entre eux figure la dépense relative à la production d'un travail que l'on fait varier en augmentant le poids soulevé. Dans le second se trouve la dépense correspondant à la production des mêmes travaux obtenus en augmentant le nombre des alternances, c'est-à-dire la vitesse du soulèvement. Rassemblons ces résultats dans un même tableau en représentant par l'unité le travail fourni par 13 alternances et le soulèvement de 1 kilogramme.

On voit que l'oxygène consommé est toujours plus important dans le premier cas que dans le second, quoique les alternances introduisent par le seul fait des mises en train une dépense supplémentaire. Il est donc évident, dans le cas des expériences de Chauveau, que l'accroissement de dépense est moindre quand on fait croître le

TRAVAIL.	13 ALTERNANCES LE TRAVAIL VARIE PAR LE POIDS SOULEVÉ		POIDS SOULEVÉ, 1 KILOGRAMME 5. LE TRAVAIL VARIE PAR LE NOMBRE D'ALTERNANCES	
	Poids.	Oxygène consommé.	Nombre des alternances.	Oxygène consommé.
1	1 kg. 5	99 cc.	13	91 cc.
2	3 —	158 —	26	151 —
3	4 — 5	241 —	39	189 —
4	6 —	324 —	52	243 —

travail en augmentant la vitesse de déplacement que lorsqu'on augmente le poids soulevé. Pour produire un travail donné avec un moteur à puissance constante on a donc intérêt à fractionner les charges et à augmenter la vitesse.

Supposons, pour fixer les idées, que 13 alternances correspondent à un soulèvement à 5 mètres de hauteur et que l'on veuille élever 6 kilogr. à 20 mètres.

Nous pourrons opérer de diverses façons différentes.

Par exemple on soulèvera les 6 kilogr. ensemble en répétant quatre fois la dernière opération du premier tableau, ce qui coûtera $4 \times 324 = 1296$ centimètres cubes d'oxygène. Ou bien on arrivera au même résultat en fractionnant le poids en quatre parts de 1 k. 5 et soulevant successivement chaque part à l'aide de la quatrième opération du deuxième tableau, ce qui coûtera $4 \times 243 = 972$ centimètres cubes d'oxygène. On voit que cette deuxième opération est plus économique que la première.

Dans ces derniers temps, Chauveau a voulu étudier de plus près la façon dont se répartit la dépense d'énergie dans le soulèvement d'un poids. Il a fait une série de déterminations sur une petite turbine à eau, sur laquelle il est possible de faire des études difficiles à réaliser en s'adressant au muscle. Les résultats[1] obtenus par Chauveau en ce qui concerne le rendement de l'énergie dépensée quand on fait varier le poids soulevé et la vitesse du soulèvement concordent avec ceux que j'ai obtenus moi-même sur mon moteur hydraulique.

Pour une faible vitesse, dit Chauveau, le rendement décroît quand le poids soulevé augmente, c'est l'inverse pour les grandes vitesses.

C'est bien ce qui ressort du tableau suivant[2] :

Dépense par kilogrammètre produit :

Poids soulevé.	V = 0,001	V = 0,01	V = 0,1
1	2,47	1,89	54,16
2	3,04	1,63	28,05
3	3,49	1,57	19,28
4	3,87	1,55	17,57
5	4,18	**1,54**	12,21
6	4,50	1,55	10,45
7	4,78	1,56	9,16
8	5,04	1,57	8,20
9	5,28	1,58	7,45
10	5,51	1,59	6,85

A poids constant et vitesse variable on a un optimum se produisant d'autant plus tard que le poids est plus élevé.

C'est encore ce qui se retrouve dans mes recherches résumées dans les deux tableaux suivants :

---

1. *Rapports scientifiques sur les travaux entrepris en 1905 au moyen des subventions de la Caisse des recherches scientifiques*, Melun, Imprimerie administrative, 1906. — A. Chauveau, *Sur la dépense énergétique liée à l'exécution du travail musculaire.*

2. G. Weiss, Sur la formule de M. Chauveau, *Comptes-Rendus de la Société de Biologie*, 1903, p. 426-429.

Dépense par kilogrammètre pour 1 kilogramme :

Vitesse.	Dépense par kgm.
0,001	2,47
0,002	1,80
0,005	**1,55**
0,01	1,89
0,02	3,56
0,04	10,08
0,1	54,16

Le minimum se produit par une vitesse d'autant plus grande que le poids soulevé est plus important.

Poids soulevé.	Vitesse donnant le minimum.
1 kg.	0,005
5 —	0,010
10 —	0,015

Avons-nous le droit de conclure de là avec Chauveau que ce sont des règles générales, applicables en particulier au muscle? Certainement non. Cela tient à la façon dont varie la dépense avec les divers facteurs intervenant dans le travail, cette dépense varie d'un moteur à l'autre, comme je l'ai déjà montré.

Enfin, comme conclusion de ses recherches, Chauveau[1], abandonnant son ancienne formule de la dépense d'un moteur en travail, envisage la façon dont se fait cette dépense sous une forme nouvelle à laquelle je puis me rallier.

1. *Rapports scientifiques*, etc. — A. Chauveau, Rapports simples des actions dynamiques du muscle, avec l'énergie qui les produit, *Comptes-Rendus de l'Académie des Sciences*. t. CXLII, 1906, p. 1125-1130. — A. Chauveau, Le travail extérieur créé par les actions statiques et dynamiques du travail intérieur du moteur muscle. Relations entre l'énergie liée à ces actions et l'énergie qui passe dans le travail extérieur, *Comptes-Rendus de l'Académie des Sciences*, t. CXLII, 1906, p. 1474-1479.

Voici comment, d'après Chauveau, il faudrait comprendre les choses.

Lors du soulèvement d'un poids, le moteur doit d'abord équilibrer le poids, et pour cela il se fait une certaine dépense d'énergie que j'ai appelé Qs, dans ce qui précède. Pour mettre le corps en mouvement, et par suite produire du travail, il faut faire croître la force de soutien, et il suffit d'un petit accroissement, correspondant à une dépense qui peut être faible, pour soulever le poids précédemment équilibré et produire ainsi un travail notable. L'énergie qui passe ainsi au poids soulevé serait, d'après Chauveau, empruntée à celle qui précédemment servait à équilibrer le poids, c'est-à-dire qu'une partie plus ou moins importante de Qs serait détournée et utilisée en travail par l'élévation du poids.

En réalité il n'en est pas ainsi et, pour bien comprendre ce qui se passe, je vais faire ma démonstration sur un moteur idéal schématique. Supposons que ce moteur soit composé de deux cylindres juxtaposés contenant chacun un piston soulevé par de la vapeur d'eau par exemple. A l'aide d'un artifice quelconque sur lequel je n'insiste pas, les deux pistons agissent simultanément sur un poids P. Le premier piston va nous servir à équilibrer le poids P. Pour cela il faut, comme nous l'avons déjà dit, dépenser par unité de temps une quantité d'énergie Qs destinée à réparer les pertes, et le poids sera soumis de bas en haut à une force égale et de sens contraire à P. Il s'agit maintenant de faire croître cette force pour faire monter le poids. Pour cela, servons-nous du second cylindre, qui sera utilisé uniquement pour créer le déplacement d'un corps déjà équilibré et lui donner une certaine vitesse. Il en résultera dans ce cylindre une dépense Qv. Mais pendant cette opération, le premier cylindre continue à perdre Qs qu'il faut lui fournir sous peine de voir tomber la pression et la force de soutien équilibrant le poids. En plus il y a, par suite du déplacement de son piston et du travail passant dans le poids soulevé à une hauteur h, une nouvelle dépense Ph qu'il faut fournir aussi, indépendamment de Qs, à qui on ne peut rien emprunter, toujours sous peine de voir tomber la pression. La dépense totale sera donc $Qs + Ph + Qv$. Nous retrouvons bien l'ancienne formule de Chauveau.

Le travail extérieur produit au moment où l'on passe du simple soutien au soulèvement n'est pas emprunté à Qs, mais est tiré d'une dépense supplémentaire que l'on est obligé de faire et qui a échappé à Chauveau.

D'ailleurs, les expériences relatées dans les derniers mémoires de Chauveau et qu'il invoque à l'appui de sa manière de voir, concordent parfaitement avec son ancienne formule de la dépense que je considère comme exacte, avec les restrictions que j'ai faites sur son degré d'approximation, quand on sort de certaines limites de vitesse ou de poids soulevé.

TRAVAIL NÉGATIF

La question du travail négatif, c'est-à-dire du soutien d'un poids opérant une descente, a été jusqu'ici beaucoup moins étudiée que celle du travail positif.

Dans l'idée de Béclard le muscle soutenant un poids à la descente devait s'échauffer plus que le même muscle élevant le poids. Dans le second cas, en effet, il y a consommation d'énergie pour produire du travail extérieur au muscle, tandis que, dans le premier, le poids en descendant rend de l'énergie qui doit se retrouver dans le muscle sous forme de chaleur.

Cette manière de voir a été combattue par Heidenhain[1], qui cherche à montrer que, dans les deux cas, aussi bien à la montée qu'à la descente, le muscle doit fournir la même quantité de travail.

Quand on élève un poids P à la hauteur h, le travail produit est Ph, et il doit trouver sa source dans les dépenses intramusculaires. Quand ce même poids descend, si on le laisse tomber en chute libre, il a pris au bas de sa course une certaine force vive que nous savons être précisément équivalente à Ph. Si, en le soutenant à la descente, et le laissent descendre lentement nous l'empê-

1. R. Heidenhain, *Mechanische Leistung, Wärmeentwiklung*, etc., p. 32.

chons de prendre cette force vive, c'est que nous avons dépensé pour l'annuler précisément encore une quantité de travail Ph pour détruire celui qui est dû à la descente du poids. Donc, que ce soit pour élever le poids P à la hauteur h ou pour le laisser descendre lentement en le soutenant, le muscle fait la même dépense. Tel est le raisonnement de Heidenhain. Il ne faut donc pas, d'après Heihenhain, et contrairement à Béclard, s'attendre à voir le muscle s'échauffer davantage à la descente du poids qu'à la montée.

Ni l'un ni l'autre de ces deux auteurs n'ont pu tenir compte dans leurs raisonnements ou leurs tentatives d'expériences des combustions intraorganiques qui accompagnaient le travail positif ou négatif. Nous avons déjà vu que Hirn, au contraire, en mesurant les échanges respiratoires, avait bien posé le problème des relations existant entre la production de l'énergie libérée par les combustions de l'organisme et celle qui se retrouvait soit sous forme de chaleur rayonnée, soit sous forme de travail extérieur. Il avait en particulier envisagé le cas du travail négatif, c'est-à-dire celui où un homme descendait un escalier au lieu de le gravir. Mais nous savons aussi que ses recherches ne comportaient pas le degré de précision nécessaire et que ses résultats expérimentaux étaient insuffisants.

Divers expérimentateurs traitèrent le même problème, en mesurant l'élévation de température du corps suivant qu'ils gravissaient ou descendaient une montagne. Leurs résultats sont absolument contradictoires par suite de l'imperfection des méthodes employées et de la variation des conditions expérimentales.

Chauveau reprit la question, en mesurant soit la variation de température du biceps dans l'élévation ou la descente d'un poids, suivant la méthode décrite pour l'évaluation de la dépense dans le travail statique, soit la variation de température du triceps crural, lors de la montée et de la descente d'un escalier.

Ces expériences demandent à être faites avec un soin extrême; en particulier celles qui consistent à monter ou à descendre un escalier risquent de ne pas être comparables, par suite de la mise en jeu dans l'une des séries de muscles n'intervenant pas dans l'autre. Il faut descendre l'escalier à reculons, de façon à réaliser, aussi exactement que possible, en sens inverse le mouvement qui avait été exécuté à la montée.

Dans ces conditions Chauveau[1] trouva que le muscle qui soutient un poids à la descente s'échauffe toujours *moins* que lorsqu'il l'élève, ce qui est contraire à la manière de voir de Béclard.

Échauffement du biceps : Poids de 4 kilogrammes.

Soulèvement (travail positif) . . . . 0°,108
Abaissement (travail négatif) . . . . 0°,095

Échauffement du biceps : Poids de 5 kilogrammes.

Soulèvement (travail positif) . . . . 0°,121
Abaissement (travail négatif) . . . . 0°,093

Echauffement du triceps crural sur l'escalier.

Montée (travail positif). . . . . 0°,310
Descente (travail négatif). . . . . 0°,239

Comme le travail positif consomme de l'énergie et que le travail négatif en rend et que malgré cela dans le premier cas il apparaît plus de chaleur que dans le second, il faut en conclure que les combustions intra-organiques sont notablement plus actives lors de la production du travail positif que de celle du travail négatif. En partant

1. A. Chauveau, Comparaison de l'échauffement qu'éprouvent les muscles dans le cas de travail positif et de travail négatif, *Comptes-Rendus de l'Académie des Sciences*, t. CXXI, 1895, p. 26-30.

de considérations théoriques Chauveau était arrivé à cette conclusion que la différence entre les deux consommations était équivalente à deux fois la valeur du travail [1].

Supposons, par exemple, que l'on soulève un poids P à une hauteur h, le travail effectué, égal à Ph, aura nécessité une dépense d'énergie D, c'est-à-dire que les combustions intra-musculaires auraient libéré D calories, s'il n'y avait aucune transformation en travail extérieur. A la descente du poids il y aurait eu D′ calories libérées par les combustions intra-musculaires, en admettant qu'il ne provienne rien de cette descente. D'après Chauveau, la différence D — D′ serait équivalente à 2 Ph. Il a cherché à vérifier cette relation en mesurant les échanges gazeux de l'organisme pendant le travail positif et négatif. Si l'on opère sur un homme à jeun, toute l'énergie libérée pour la production du travail provient de la combustion du glycose aux dépens de l'oxygène absorbé. En plus il y a une transformation de graisse pour réparer la disparition du glycose, et cette transformation exige aussi une certaine consommation d'oxygène. Mais ces deux opérations ne se font pas avec la même élimination d'acide carbonique, car si le sucre brûle en donnant le même volume d'acide carbonique que celui de l'oxygène absorbé, la transformation de graisse en sucre ne se fait qu'en rendant en acide carbonique 27 p. 100 de l'oxygène. On peut en faisant l'analyse des gaz de la respiration savoir quelle est la part à attribuer aux deux transformations, et, comme on sait combien chacune d'elles libère de calories, en déduire la dépense d'énergie.

1. A. Chauveau, La dépense énergétique respectivement engagée dans le travail positif et le travail négatif des muscles, d'après les échanges respiratoires. — Application à la vérification expérimentale de la loi de l'équivalence dans les transformations de la force chez des êtres organisés. Exposition des principes de la méthode qui a servi à cette vérification, *Comptes-Rendus de l'Académie des Sciences*, t. CXXII, 1896, p. 58-64.

Chauveau[1] a fait cette détermination pour un sujet, successivement lors de la montée et de la descente d'un escalier, et il a trouvé que la formule qu'il proposait se vérifiait.

Mais cette méthode comportait diverses incertitudes provenant de l'évaluation des travaux connexes de la circulation et de la respiration. Dans la suite Chauveau a multiplié ses expériences sur la comparaison du travail positif et du travail négatif. Il a pu établir nettement que le travail positif empruntait de l'énergie au moteur tandis que le travail négatif lui en rendait, que les combustions étaient toujours plus importantes dans le premier cas que dans le second, à poids déplacé et espace parcouru égaux, mais la relation qu'il avait posée entre la variation de la dépense et le travail produit ne s'est pas vérifiée, elle est aujourd'hui abandonnée par son auteur.

Nous avons vu plus haut comment Chauveau, opérant sur les fléchisseurs et les extenseurs du bras, avait déterminé la dépense exigée par le soulèvement d'un poids quand les différentes conditions du travail viennent à varier.

Le même auteur[2] a appliqué cette méthode à l'étude du travail négatif. Un dispositif automatique chargeait alternativement les fléchisseurs ou les extenseurs au moment où ils étaient raccourcis, et ces muscles soutenaient le poids en le laissant descendre. On déterminait les échanges gazeux et en particulier l'absorption d'oxy-

1. A. Chauveau, La loi de l'équivalence dans les transformations de la force chez les animaux. Vérification expérimentale par la méthode de comparaison de la dépense énergétique (évaluée d'après les échanges respiratoires) qui est respectivement engagée dans le travail positif et négatif qu'exécutent les muscles, *Comptes Rendus de l'Académie des Sciences*, t. CXXII, 1896, p. 113-120.

2. A. Chauveau, Le travail musculaire et sa dépense énergétique dans la contraction dynamique avec raccourcissement graduellement décroissant des muscles, s'employant au refrènement de la descente d'une charge (travail résistant), *Comptes-Rendus de l'Académie des Sciences*, t. CXXXIX, 1904, p. 108-114.

gène qui accompagnait cette opération. En retranchant
la quantité d'oxygène utilisé pendant le même temps
à l'état de repos, on avait celle qui correspondait au travail négatif produit.

Une première série d'expériences fut faite en laissant
constante la vitesse et le nombre des alternances, et ne
faisant varier que la grandeur du poids.

**Dépense pour une hauteur de chute constante
et 13 alternances.**

POIDS SOUTENU	OXYGÈNE ABSORBÉ EN EXCÈS SUR LE REPOS	RAPPORT DE L'OXYGÈNE
1 kg. 5	66 cc.	1
3 —	131 —	2
4 — 5	206 —	3
6 —	277 —	4,2

On voit que l'oxygène absorbé varie très régulièrement
proportionnellement au poids soutenu et par suite au travail. Ceci ne doit pas nous étonner puisque la force développée par le muscle pour laisser descendre lentement le
poids croît avec la grandeur de ce poids.

Dans une deuxième série d'expériences, la valeur du
poids fut maintenue constante, mais en faisant varier le
nombre des alternances, la hauteur de chute alla en
croissant comme ce nombre d'alternances.

Dépense pour une descente de poids de 1 kilogramme 5.

NOMBRE D'ALTERNANCES	OXYGÈNE ABSORBÉ EN EXCÈS SUR LE REPOS	RAPPORT DE L'OXYGÈNE
13	68	1
26	114	1,7
39	161	2,7
52	201	3

La dépense croit donc avec la vitesse avec laquelle on laisse descendre un même poids, c'est là un résultat que l'on ne pouvait pas prévoir.

Chauveau n'a pas encore pu établir une formule de la dépense dans le travail négatif analogue à celle qui donne cette dépense dans le travail positif.

Il y a intérêt à réunir en un même tableau la dépense dans le travail positif, le travail statique et le travail négatif, afin de pouvoir aisément faire la comparaison entre ces trois cas.

Dépense pour un même nombre d'alternances égal à 13.

POIDS	EXCÈS DE L'OXYGÈNE ABSORBÉ SUR LE REPOS		
	Travail statique.	Travail positif.	Travail négatif.
1 kg. 5	40 cc.	99 cc.	66
3 —	79 —	158 —	131
4 — 5	133 —	241 —	206
6 —	197 —	324 —	277

Dépense pour un même poids. 1 kilogramme 5.

NOMBRE D'ALTERNANCES	EXCÈS DE L'OXYGÈNE ABSORBÉ SUR LE REPOS		
	Travail statique.	Travail positif.	Travail négatif.
13	36 cc.	91	68
26	44 —	151	114
39	63 —	199	161
52	76 —	243	201

En examinant ces tableaux, on voit que la dépense croît quand on passe du travail statique au travail négatif, puis au travail positif. On pouvait s'attendre à ce que ce fût le travail positif le plus onéreux, le plus grand effort à faire est de soulever un poids à une certaine hauteur.

Mais il semblait au premier abord qu'il dût coûter moins de laisser descendre un poids que de le soutenir. Les expériences de Chauveau montrent le contraire et de plus la dépense est d'autant plus grande dans le même temps qu'on laisse la descente s'effectuer plus rapidement.

Ici encore, comme pour le travail positif, on a intérêt à fractionner les charges. Supposons que l'on veuille abaisser un poids de 6 kilogr. d'une hauteur équivalente à 52 alternances, le premier des tableaux précédents nous montre qu'en effectuant cette opération sur les 6 kilogr., la dépense sera égale à $277 \times 4 = 1\,108$ centimètres cubes d'oxygène. Si, au contraire, nous fractionnons la charge en poids de 1 k. 5, le deuxième tableau nous fait voir qu'il faudra répéter quatre fois la même opération, chacune d'elles coûtant 201 cc., ce qui fera au total $201 \times 4 = 804$ centimètres cubes seulement.

Par conséquent, dans la limite des expériences de Chauveau, il y a intérêt à fractionner les poids et à accélérer la vitesse, pour effectuer dans le même temps le même travail de descente.

LES EXPÉRIENCES DE JOHANSSON

Pendant que Chauveau faisait ses recherches sur la dépense nécessitée par le travail musculaire, un auteur suédois, Johansson, s'inspirant du reste des idées de Chauveau traitait le même problème, mais avec un dispositif expérimental qui me paraît inférieur à celui de Chauveau.

Une des conditions essentielles de ce genre de recherches est de faire les diverses déterminations pendant un temps assez court pour ne pas laisser intervenir la fatigue qui altère complètement les résultats.

Or cette condition n'est pas remplie dans les expériences de Johansson. De plus cet auteur évalue l'intensité des combustions intraorganiques uniquement d'après la mesure de la quantité d'acide carbonique éliminé. Ceci est absolument insuffisant. Nous savons que les substances consommées dans l'organisme donnent lieu, pour une même quantité d'acide carbonique éliminé, à des mises en liberté d'énergie très variables, tandis que pour l'oxygène le parallélisme entre cette mise en liberté d'énergie et la consommation est beaucoup plus régulier.

Johansson[1] enfermait le sujet sur lequel il opérait, dans la grande chambre à respiration installée par Tigerstedt à l'Université de Stockholm. Le travail était obtenu

1. J. E. Johansson, Untersuchungen über die Kohlensäureabgabe bei Muskelthätigkeit, *Skand. Arch. f. Phys.*, Bd. 11, 1901, p. 273-307.

en tirant avec les deux bras sur une poignée mobile dans une glissière horizontale. Le sujet était assis devant une table portant la glissière. La poignée mobile était reliée à une corde passant sur une poulie, et l'on pouvait automatiquement accrocher un poids à cette corde ou le retirer. Quand on voulait faire produire au sujet du travail positif le poids était accroché au moment où les bras étaient dans l'extension; le sujet tirait la poignée à lui jusqu'au point où se faisait la suppression du poids. Il étendait alors les bras à vide et recommençait. L'inverse se produisait pour le travail négatif. Pour le travail statique, le poids n'était soulevé que de quelques millimètres de son support et maintenu un certain temps, puis reposé et repris, et ainsi de suite. L'expérience devait se prolonger un temps suffisant pour donner lieu dans la chambre à une quantité d'acide carbonique dosable, elle dura en général une demi-heure à une heure. Il fallait d'abord attendre une dizaine de minutes avant de commencer la période de dosage, ce n'est qu'au bout de ce temps de travail que l'excrétion d'acide carbonique devient constante. L'expérience montra aussi que, pendant les deux années de recherches, l'élimination d'acide carbonique au repos fut la même pour un sujet donné, à la condition de n'opérer que 7-8 heures après le dernier repas. On opéra toujours entre 9-12 heures du matin, et il y avait 12 heures que le sujet n'avait rien mangé.

Voyons maintenant les résultats obtenus par Johansson.

En premier lieu il étudia la contraction statique.

Si l'on représente par q la quantité d'acide carbonique éliminé pendant le repos, p celle qui résulte de chaque contraction et N le nombre de ces contractions, l'acide carbonique éliminé pendant le travail peut se représenter par $[CO^2] = q + pN$.

En faisant varier le nombre des contractions dans un même temps, on a une série d'égalités ou d'équations de ce genre. En en prenant deux, elles suffisent pour calculer les valeurs de q et de p. Ces valeurs doivent satisfaire toutes les égalités qui n'ont pas servi à les déterminer. C'est ce que l'expérience vérifie.

De plus l'expérience montra que la valeur de q ainsi déterminée concordait avec celle que l'on obtenait par un dosage au repos complet. Toutefois il y eut généralement un léger excès en faveur de la valeur de q déterminée pendant le travail. Dans les premières recherches la valeur de q semblait croître légèrement avec le poids. Cela résultait, pense Johansson, de ce que dans l'intervalle des contractions le muscle ne rentrait pas complètement au repos; et, de fait, dans la suite, en veillant à cette cause d'irrégularité, elle disparut.

La valeur de p ne se montra pas proportionnelle au poids tenseur, cela semble tenir à une perturbation provenant de mouvements parasites au moment de la prise de la poignée. En effet quand le poids tenseur augmente cette cause d'irrégularité diminue et p tend à croître régulièrement.

Pour la même raison, dans les premières expériences de Johansson, la valeur p ne sembla pas proportionnelle à la durée du soutien; dans des recherches ultérieures[1] il examina ce problème de plus près.

Si p se compose d'une quantité constante s représentant l'acide carbonique éliminé à chaque contraction par suite des opérations parasites, prise et abandon de la poignée, et d'une quantité tz proportionnelle au temps, z représentant le temps et t la quantité d'acide carbonique éliminé par unité de temps en dehors des opérations parasites, on doit avoir $p = s + tz$. Johansson et Koraen cherchèrent à vérifier cette formule en faisant varier la

---

1. J. E. Johansson und Gunnar Koraen, Untersuchungen über die Kohlensäureabgabe bei statischer und negativer Muskelthätigkeit, *Skand. Arch. f. Phys.*, Bd. 13, 1902, p. 229-250.

durée z du soutien. Ils trouvèrent qu'elle ne se justifiait pas exactement. Pendant le soutien, l'acide carbonique éliminé n'est proportionnel à la durée de ce soutien que s'il ne se prolonge pas trop; dès qu'il excède une dizaine de secondes l'élimination s'accélère.

Enfin, en répétant leurs expériences avec divers degrés de raccourcissement des muscles, ils trouvèrent que l'acide carbonique éliminé croît plus rapidement que le degré de raccourcissement.

Après ces recherches sur le simple soutien Johansson passa à l'étude du travail positif fourni par le soulèvement d'un poids, et chercha encore à représenter la dépense par la formule $[CO^2] = q + pN$ où q représentait l'acide carbonique qui serait éliminé pendant la durée de l'expérience le sujet étant au repos, N le nombre des soulèvements du poids et p l'acide carbonique correspondant à un soulèvement. Comme dans le cas du travail statique il suffit de deux expériences pour déterminer q et p. Si la formule est légitime on doit toujours retomber sur les mêmes valeurs de q et p quand on ne fait varier que le nombre N des contractions dans le même temps, laissant constants le poids soulevé, la hauteur du soulèvement et la vitesse avec laquelle il s'effectue. C'est ce que l'expérience vérifie. On peut donc déterminer de cette façon la dépense énergétique, évaluée en acide carbonique éliminé, nécessitée par un soulèvement du poids. Comme on connaît le nombre de kilogrammètres A correspondant à chaque soulèvement, $v = \dfrac{p}{A}$ représentera le coût de 1 kilogrammètre. Ce sont ces valeurs de v que Johansson donne dans le tableau résumant ses expériences.

Examinons-les et comparons-les avec celles qui résultent de l'application de la formule de Chauveau. D'après cette formule la dépense correspondant à un travail Ph est $D = Ph + Qs + Qv$, et par conséquent la dépense par kilogrammètre serait

$$d = \frac{D}{Ph} = 1 + \frac{Qs}{Ph} + \frac{Qv}{Ph}.$$

Valeurs de v en grammes de CO^2 d'après Johansson.

SÉRIE	DURÉE DE CHAQUE CONTRACTION EN SECONDES	HAUTEUR DE CHAQUE SOULÈVEMENT EN MÈTRES	POIDS SOULEVÉ EN KILOS		
			10,9	21,7	32,1
1	1,1	0,5	—	0,0055	0,0065
2	1,0	0,5	0,0055	0,0053	0,0056
3	0,4	0,2	—	0,0056	0,0058
4	0,5	0,2	—	0,0059	—
5	1,4	0,2	—	0,0069	—

Considérons d'abord l'influence du poids soulevé. La deuxième série dans laquelle Johansson a opéré successivement avec des poids de 10 kgr. 9, — 21 kgr. 7, — 32 kgr. 1 nous montre que la dépense par kilogrammètre est la même, quel que soit le poids soulevé, si les autres conditions expérimentales sont les mêmes.

Ce n'est pas ce que nous donne la formule de Chauveau. En effet, comme Qs est proportionnel au poids P, d'après les recherches antérieures, le rapport $\dfrac{Qs}{Ph}$ est constant quand le poids varie. Mais $\dfrac{Qv}{Ph}$, où Qv reste le même puisque la vitesse ne change pas, va en diminuant à mesure que P augmente. Donc la dépense par kilogrammètre d se compose d'une partie $1 + \dfrac{Qs}{Ph}$ indépendante du poids soulevé et d'une autre partie $\dfrac{Qv}{Ph}$ qui diminue avec ce poids. Autrement dit, d'après la formule de Chauveau, quand on augmente le poids soulevé sans rien changer aux autres conditions expérimentales, la dépense par kilogrammètre diminue.

Voyons maintenant l'effet de la vitesse de soulèvement, pour cela comparons les séries 3, 4, 5, dans lesquelles un même poids de 2 kgr. 7 est soulevé à une hauteur 0 m. 2 avec des vitesses de plus en plus petites, puisque la durée de chaque soulèvement augmente, ayant successivement 0″4, 0″5, 1″4. Nous voyons que la dépense par kilogrammètre va en augmentant, donc le travail le plus économique correspond aux vitesses les plus grandes. C'est aussi ce qui ressortait des expériences de Chauveau, et ce que l'on peut mettre en évidence dans sa formule. Car, dans l'évaluation de la dépense, h représente la hauteur de soulèvement dans l'unité de temps, c'est-à-dire la vitesse. Quand cette vitesse augmente $\dfrac{Qs}{Ph}$, où Qs est constant, diminue. Mais Qv est sensiblement proportionnel à la vitesse d'après des expériences antérieures, donc $\dfrac{Qv}{Ph}$ reste constant. La dépense d, se composant de termes $1 + \dfrac{Qv}{Ph}$ constants et de $\dfrac{Qs}{Ph}$ qui diminue avec la vitesse, va elle-même en diminuant avec cette vitesse.

Enfin examinons le cas où le poids et la vitesse restent constants, mais où la hauteur de soulèvement varie. Cette comparaison peut se faire par l'examen des séries 2 et 3. En effet, dans ces séries les hauteurs de soulèvement 0 m. 5 et 0 m. 2 sont proportionnelles à la durée 1″,0 et 0″,4 de la contraction, donc la vitesse est la même dans les deux cas. Pour ces deux séries, le poids étant constant, on voit que dans la série 3 la dépense est un peu plus importante que dans la série 2. Ceci ne concorde nullement avec les expériences de Chauveau, car nous avons vu que toutes choses égales la dépense est toujours plus grande quand le raccourcissement du muscle augmente. Il y a donc là un désaccord entre les résultats de Johansson et ceux de Chauveau. Ce résultat me paraît aussi en contradiction avec les résultats ultérieurs de Johanson et Koraen, d'après lesquelles, dans le travail statique, la dépense croît très rapidement avec le degré de raccourcissement du muscle. Il serait étrange que cette influence du raccourcissement ne se fasse sentir qu'à l'état statique, et nullement à l'état dynamique.

Ajoutons encore que les résultats que nous venons de tirer des expériences de Johansson ne sont valables que si le travail produit ne dépasse pas certaines limites au delà desquelles l'élimination d'acide carbonique augmente plus rapidement que ce travail. Ces limites dépendent du poids tenseur. Avec 20 kilogrammes on ne pouvait produire plus de 6500 kilogrammètres par demi-heure sans voir l'élimination d'air carbonique s'accélérer; pour 30 kilogrammes cette limite tombait à 5000 kilogrammètres.

Johansson a aussi abordé le problème du travail négatif, qu'il a traité par les mêmes méthodes que celui du travail positif.

En premier lieu il a constaté, en faisant varier uniquement le nombre des descentes du poids dans le même temps sans en modifier ni la durée, ni la hauteur, ni la valeur du poids soutenu, que la dépense pouvait encore se représenter par $[CO^2] = q + p\,N$. Deux expériences permettent d'établir deux équations servant au calcul de q et de p. La valeur de q ainsi calculée, p représentant la quantité d'acide carbonique éliminée à chaque allongement unique, est encore sensiblement égale à celle déterminée pendant le repos. Johansson a cherché quels étaient les facteurs qui influaient sur la valeur de p.

Le terme p peut se décomposer en une somme de deux autres, $s + tz$, comme nous l'avons fait pour le travail positif. C'est-à-dire qu'il y a une dépense s tenant aux opérations parasites, saisie de la poignée, allongement brusque et mise en train du muscle au commencement de la descente, retour à vide des muscles allongés vers le racourcissement pour opérer une nouvelle descente, etc. Cette dépense s n'est pas liée en somme à celle qui est exigée par le travail négatif. Ce dernier est lié à la dépense exprimée par le terme tz, où z représente la durée de la descente. En variant les conditions expérimentales, Johansson et Koraen trouvèrent que tz est toujours proportionnel à la durée z de la descente, pour un même poids et une même hauteur de chute; pour un poids donné, le facteur t est constant. Toutefois cela n'est vrai que si la fatigue n'intervient pas, c'est-à-dire si la durée de contraction pendant le travail négatif n'est pas trop prolongée.

Nous avons déjà vu que Johansson et Koraen avaient étudié la dépense t exigée par le simple soutien du poids à diverses hauteurs. De cette étude on peut déduire quelle serait la dépense, si pendant la descente tout se passait comme si le poids était simplement soutenu successivement aux différentes hauteurs par lesquelles il passe.

Ce calcul a été fait par Johansson et Koraen et les résultat en ont été comparés aux valeurs de t déterminées expérimentalement, lors du travail négatif.

Le tableau où ces résultats sont réunis nous montre que la dépense est la même dans les deux cas, ce qui ne concorde pas avec les déterminateurs de Chauveau.

**Dépense de simple soutien comparée à la dépense
pour le travail négatif.**

POIDS EN KILOGRAMMES	HAUTEUR DE CHUTE EN MÈTRES	DÉPENSE DU TRAVAIL NÉGATIF DÉTERMINÉE	DÉPENSE DU TRAVAIL STATIQUE CALCULÉE
20	0,50	0,0024	0,0028
20	0,50	0,0030	0,0031
30	0,50	0,0028	0,0028
20	0,40	0,0026	0,0023
30	0,40	0,0028	0,0023
20	0,20	0,0017	0,0016

Les chiffres exprimant la dépense ont été rapportés à la seconde et à 10 kilogrammes.

Quant à la valeur de *s* qui exprime la dépense accompagnant chaque contraction, mais due aux mouvements parasites, elle est plus considérable dans le travail négatif que dans le travail statique, comme on pouvait s'y attendre, car dans le premier cas ces mouvements, ne fût-ce que le retour à vide, sont notamment plus compliqués que dans le second.

Au cours de ces laborieuses études sur le travail musculaire on trouve encore bien des expériences que je ne rapporterai pas ici, n'ayant eu pour but que d'exposer les notions fondamentales de cette importante question.

Je ne citerai que l'une d'entre elles. Divers expérimentateurs s'étaient demandé si le simple soutien d'un poids à une hauteur déterminée exigeait la même dépense que des alternatives de soulèvement et d'abaissement, de part et d'autre de cette position. Au début cette égalité parut presque évidente, le travail dépensé à la montée étant, dans la pensée des auteurs, récupéré et annulé à la descente. Nous savons aujourd'hui, grâce aux expériences de Chauveau, qu'il n'en est rien, l'opération dynamique est toujours plus onéreuse que l'opération statique. Cette égalité ne peut pas exister, puisque dans le travail négatif aussi bien que dans le travail positif la dépense croît avec la vitesse. Si donc il y avait égalité lors d'un mouvement extrêmement lent d'élévation et d'abaissement autour de la position moyenne, on verrait un écart se produire et croître à mesure que la vitesse du mouvement augmenterait.

Ce résultat ne s'observe du reste pas seulement dans le travail musculaire. En affectant à pareille opération le moteur hydraulique que j'ai imaginé pour la vérification de l'approximation de la formule de Chauveau, et que j'ai utilisé pour les expériences rapportées à la page 209, on trouve que la dépense dans le mouvement alternatif d'élévation et d'abaissement croît avec le carré de la vitesse.

DES SOURCES AUXQUELLES EST PUISÉE L'ÉNERGIE NÉCESSAIRE AU TRAVAIL MUSCULAIRE

La chaleur exhalée par le corps des animaux et le travail qu'ils produisent trouvent leur origine dans l'énergie mise en liberté par les transformations chimiques se passant au sein de l'organisme. Ces transformations, nous l'avons vu, se résolvent finalement, tout au moins chez les homéothermes, en une combustion des substances alimentaires, combustion totale pour certaines d'entre elles, les graisses et les hydrates de carbone, combustion incomplète pour les albuminoïdes dont l'azote abandonne l'organisme sous forme d'urée.

Il n'y a pas lieu ici d'entrer dans le détail des modifications que subissent les aliments lors de leur passage à travers l'organisme et de rechercher le rôle qui peut leur être attribué à chacun, ce serait sortir des limites de mon sujet et pénétrer dans un domaine qui n'est pas de ma compétence. Mais nous devons nous demander si le problème de la chaleur animale et de l'origine du travail musculaire est un simple problème d'énergétique, et si le moteur vivant peut utiliser l'énergie mise en liberté par les actions chimiques de l'organisme, quelles que soient les formes sur lesquelles elle se trouve à l'état potentiel.

A un moment donné, l'organisme, outre les tissus qui forment ses divers organes, contient des réserves de graisses et des hydrates de carbone sous forme de glycogène et de glycose. Si l'organisme reste en équilibre, l'usure de ces divers matériaux est sans cesse réparée par l'alimentation.

Après Lavoisier, au moment où la théorie de la combustion venait d'être fondée, la première question qui se posa fut de savoir s'il suffisait de fournir à cette combustion intraorganique des matériaux quelconques, autrement dit, si les diverses substances alimentaires pouvaient indifféremment se substituer les unes aux autres. A cette époque la question pouvait se poser, on ne connaissait pas la constitution des tissus vivants et des divers aliments.

Magendie[1] le premier, dans une série d'expériences célèbres, montra la nécessité des aliments azotés. Cette question de l'azote préoccupait beaucoup les savants de cette époque ; suivant les uns les animaux ne tiraient l'azote que des aliments, suivant les autres ils pouvaient en emprunter à l'air. L'exemple des herbivores semblait contraire à la théorie de l'azote uniquement alimentaire. Magendie, opérant sur le chien, carnivore comme l'homme, fit voir qu'une alimentation non azotée était insuffisante pour l'entretien de l'existence, qu'elle pouvait permettre la vie pendant quelques jours, mais que rapidement l'animal ainsi nourri périclitait et mourait ; ses animaux ne dépassèrent pas 36 jours.

On objecta à Magendie qu'il avait opéré sur un carnassier, mais Tiedemann et Gmelin reprirent ces expériences sur les oies, et montrèrent qu'on obtenait des résultats analogues.

La théorie qui domina pendant longtemps toutes les

1. F. Magendie, Mémoires sur les propriétés nutritives des substances qui ne contiennent pas d'azote, *Annales de Chim. et de Phys.*, t. III, 2ᵉ série, 1816, p. 66-77.

questions d'alimentation, d'origine de la chaleur animale et du travail musculaire est due à Liebig. Après avoir établi la composition des tissus vivants et des aliments, Liebig[1] se demanda quel était le rôle des diverses substances qui y entrent et fut amené à établir deux grandes divisions, les albuminoïdes et les aliments non azotés. La propriété essentielle des muscles est la contractilité, la faculté de produire du travail. Cette production de travail se fait aux dépens de la consommation des albuminoïdes du muscle qui doit sans cesse se réparer aux frais de l'albumine alimentaire. Les substances non azotées se consument grâce à l'oxydation par l'oxygène de la respiration, c'est leur combustion qui est l'origine de la chaleur animale, et elles protègent les albuminoïdes de l'organisme contre la destruction par l'oxygène de l'air. Pour Liebig, l'albumine alimentaire est chargée de former les tissus, de pourvoir à leur réparation en cas d'usure, à leur accroissement, à la production du travail musculaire; ce sont les *aliments plastiques*. Les substances non azotées constituent les *aliments respiratoires*, elles fournissent la chaleur par leur combustion.

A partir de ce moment les recherches se multiplièrent pour reconnaître si le travail musculaire prenait réellement sa source dans une consommation des substances azotées; la plupart des auteurs obtinrent des résultats en concordance avec la théorie de Liebig. C'est à peine si deux ou trois expérimentateurs ne trouvèrent aucun accroissement de l'excrétion azotée pendant le travail, mais l'influence des théories de Liebig était telle qu'ils se demandèrent si les déchets d'azote n'avaient pas été éliminés à l'état gazeux par la respiration. Nous avons vu plus haut ce qui en était.

Un pas considérable allait être fait par Bischoff et

1. J. Liebig, *Chimie organique appliquée à la Physiologie animale et à la Pathologie*, Fortin. Masson et C*, Paris, 1842.

Voit[1], qui montrèrent que l'excrétion azotée était fonction de l'azote absorbé dans les aliments. Le corps peut transformer des quantités très variables d'albumine, ces transformations et l'état d'équilibre dépendent des quantités d'albumine ingérée. Il y a une limite inférieure au-dessous de laquelle cette albumine ne doit pas tomber, faute de quoi les animaux périclitent, il ne doit pas y avoir disette d'albumine. La limite supérieure dépend de la faculté qu'a l'animal de digérer et d'absorber. Il y a donc là un facteur important dont l'influence sur l'excrétion azotée est bien supérieure à celle du travail, et qui a certainement pu troubler les expériences antérieures.

C. Voit reprit alors la question, et porta un premier coup à la théorie des aliments plastiques. Il fit voir que pour faire de bonnes expériences l'animal devait se trouver dans les mêmes conditions de régime azoté au moment des expériences de repos qu'au moment des expériences de travail. Dans les expériences de Voit le chien était laissé au repos, ou bien on lui faisait faire un certain parcours dans une roue, et on dosait l'urée éliminée en 24 heures dans les urines. Dans une première série[2], le chien était à jeun ou bien recevait journellement une ration de 1 500 grammes de viande. La hausse d'excrétion azotée varia de 5-6 p. 100. Dans la seconde série[3], le chien était à jeun, mais gras. La hausse d'urée au moment du travail fut nulle ou ne dépassa pas 6 p. 100.

Des résultats analogues furent obtenus par Pettenkofer et Voit[4] opérant sur l'homme. Le sujet était un ouvrier

<hr>

1. Bischoff und Voit, *Die Gesetze der Ernährung des Fleischfressers*, Leipzig und Heidelberg, 1860.

2. Carl Voit, *Untersuchungen über den Einfluss des Kochsalzes, des Kaffes und der Muskelbewegungen auf den Stoffwechsel*. München, 1860.

3. Carl Voit, Ueber die Verschiendenheiten der Eiweisszersetzung beim Hungern, *Zeitschrift für Biologie*, Bd. II, 1866, p. 307-365.

4. M. von Pettenkofer und Carl Voit, Untersuchungen über den Stoffverbrauch des normalen Menschen, *Zeitschrift für Biologie*, Bd. II, 1866, p. 459-573.

vigoureux tournant une manivelle et mettant en rotation une roue munie d'un frein. La durée du travail était de 9 heures dans la journée, et pendant ce temps l'ouvrier exécutait environ 7500 rotations, la résistance étant celle que l'on éprouve en mettant en mouvement les tours de l'industrie.

Nous devons placer ici l'expérience célèbre de Fick et Wislicenus[1].

Le but de cette expérience fut de rechercher si le travail pénible nécessité par l'ascension d'une montagne, le Faulhorn, était accompagné d'un accroissement de l'azote urinaire excrété; elle eut lieu le 30 août.

A partir du 29 août à midi, Fick et Wislicenus ne prirent aucun aliment azoté jusqu'au 30 août à 7 heures du soir. L'urine fut soigneusement recueillie et analysée pour chacune des quatre périodes comprenant l'expérience et se répartissant comme suit :

Commencement de l'expérience, 29 août, 6 h. 15 soir, après urine évacuée.

		F	W
Repos : 29 A., 6 h. 15, jusqu'à 30 A., 5 h. 10 matin.	Urine de la nuit. Az par heure.	0,63 gr.	0,61 gr.
Travail : 30 A., 5 h. 10, à 1 h. 20 après-midi.	Urine pendant l'ascension. Az par heure.	0,41 —	0,39 —
Repos : 1 h. 20, à 7 h. s., 7 h., repas copieux avec albuminoïdes.	Urine consécutive au travail. Az par heure.	0,40 —	0,40 —
30 A., 7 h. soir, 31 A., 5 h. 30 du matin.	Urine de la nuit. Az par heure.	0,45 —	0,51 —

Il n'y a pas d'augmentation d'azote par le travail, mais l'expérience est loin d'être irréprochable, Fick et Wislicenus n'étaient certainement pas en équilibre azoté.

1. A. Fick und J. Wislicenus, *Ueber die Entstehung der Muskelkraft*, 1865, in *Myothermische Untersuchungen* de Fick, p. 14-34.

De l'ensemble de ces expériences, il résulte que l'excrétion azotée ne se trouve pas directement liée à la production du travail, ce travail ne prend donc pas ses origines dans une consommation d'albuminoïdes, comme le pensait Liebig.

Cependant la question fut retournée sous toutes ses faces pour chercher à sauver la théorie de Liebig et à la concilier avec les faits, comme il arrive toujours quand une théorie se présente sous une forme simple et séduisante avec un patronage illustre.

On pouvait supposer qu'il y ait excès de combustions des albuminoïdes du muscle pendant le travail, mais que simultanément il s'en fixât une quantité compensatrice équivalente tirée des aliments ingérés, qui se serait éliminée au repos. Cette explication devient insuffisante dans le cas des expériences sur les animaux en état de jeûne, où précisément l'égalité entre les périodes de travail et les périodes de repos se trouva la mieux réalisée.

Il fallut alors imaginer qu'après la période de consommation durant le travail il se produise une épargne pendant le repos consécutif.

Ranke [1] soumit cette dernière hypothèse à l'expérience en dosant l'excrétion azotée pendant une période de travail, puis répétant le même dosage dans la période de repos immédiatement consécutive. Il trouva pendant le travail une augmentation, suivie au repos d'une chute. Mais Pettenkofer et Voit, qui reprirent la question sur leur ouvrier, ne purent confirmer les déterminations de Ranke. Voit a signalé la possibilité d'une autre interprétation, d'après laquelle, par suite de l'activité des muscles, leur irrigation serait augmentée et la conséquence de cette dérivation serait une circulation et une combustion réduite dans les autres parties du corps. Mais il réfute lui-

---

1. J. Ranke, Tetanus, 1865, p. 304, d'après Voit, *Hermann's Handbuch*. t. VI, 1. Theil, p. 191.

même cette interprétation comme n'ayant aucune valeur dans le cas où les muscles de l'ensemble du corps entreraient en activité.

Enfin L. Hermann[1] admet pendant le travail un dédoublement des albuminoïdes n'allant pas jusqu'à leur destruction complète. La partie azotée de ce dédoublement pourrait reconstituer les albuminoïdes grâce aux matériaux non azotés de l'organisme. De cette façon ce serait bien aux dépens des albuminoïdes du muscle que se produirait le travail musculaire, mais secondairement les corps non azotés serviraient à les reconstituer et à les prémunir contre une destruction complète.

Cependant les travaux de Voit, de Pettenkofer et Voit, de Fick et Wislicenus, avaient fortement ébranlé la théorie de Liebig, les expériences sur le rôle des albuminoïdes dans la production du travail musculaire se multiplièrent dans les conditions les plus variées, et finalement l'opinion qui semblait devoir l'emporter fut que les albuminoïdes serviraient à constituer les tissus, à les réparer et à les entretenir, mais que, tout au moins pour un travail modéré, les substances non azotées seraient les seules sources d'énergie pour ce travail. L'augmentation de l'excrétion azotée ne se produirait que dans le cas d'usure extrême par suite de surmenage, ou bien dans le cas où les substances non azotées ne seraient pas fournies en quantité suffisante, et où l'énergie nécessaire devrait alors être empruntée aux albuminoïdes.

Les résultats d'expériences en contradiction avec cette interprétation tiendraient à des erreurs provenant le plus souvent d'un défaut d'équilibre azoté, condition sur laquelle Voit a insisté le premier, ou à une insuffisance d'alimentation et de réserves graisseuses de l'organisme sur lequel on opère.

<hr>

1. L. Hermann, *Untersuchungen über den Stoffwechsel der Muskeln*, Hirschwald, Berlin, 1867, p. 100.

Mais la possibilité d'une autre cause d'erreur allait être invoquée par Fränkel[1]. D'après cet auteur les albuminoïdes des tissus peuvent être soumis à une désintégration plus rapide, donnant lieu à une augmentation de l'azote urinaire, quand l'absorption d'oxygène devient insuffisante.

Oppenheim rechercha l'influence que ce facteur nouveau pouvait avoir dans les variations de l'excrétion azotée pendant le travail.

Son expérience consista à gravir une montagne, soit lentement, de façon à ne pas s'essouffler, soit plus rapidement, et à comparer l'azote excrété dans les vingt-quatre heures avec celui qui est éliminé les jours de repos[2]. Voici le résumé de ses résultats.

I. Journée sans travail exceptionnel.	17,1	d'azote en 24 heures.	
II. Ascension d'une montagne faite lentement, six fois dans la journée.	17,1	—	—
III. Ascension faite avec essoufflement, une fois dans la journée. . . .	18,3	—	—
IV. Ascension faite avec essoufflement, deux fois dans la journée . . .	19,8	—	—

On voit que le seul fait du travail ne semble pas avoir augmenté l'excrétion azotée, car, dans le cas II, elle est la même qu'en I. Au contraire, quand ce travail s'accompagne d'une oxygénation insuffisante, l'azote urinaire augmente. Il faut cependant remarquer que les conditions du travail ne sont pas les mêmes en II qu'en III et IV, car, dans les dernières conditions, le travail était forcé de façon à obtenir l'essoufflement, il se peut que ce seul fait

1. A. Fränkel, Ueber den Einfluss der verminderten Sauerstoffzufuhr zu den Geweben und der Eiweisszerfall im Thierkörper, *Archiv für Pathologische Anatomie und Physiologie*, Bd. LXVII, 1876, p. 273-327.

2. H. Oppenheim, Beiträge zur Physiologie und Pathologie der Harnstoffausscheidung, *P. A.*, Bd. XXIII, 1880, p. 446-504.

ait causé une usure plus grande des albuminoïdes des muscles, indépendamment du défaut d'oxygène.

Liebig avait objecté aux recherches diverses qui venaient à l'encontre de sa théorie que l'excrétion azotée qui résulte du travail ne se manifeste pas forcément immédiatement, qu'il se pourrait qu'elle n'apparaisse que les jours suivants. Cette objection a été reprise par Argutinsky[1]. D'après cet auteur une ascension de montagne de plusieurs heures donna une augmentation de l'excrétion azotée qui persista pendant trois jours au moins. Cette augmentation se produit même si l'on absorbe une ration de sucre pouvant suffire au double du travail effectué. Si, d'après l'excrétion azotée, on calcule l'excès d'albumine transformée, on trouve qu'elle couvre 75 à 100 p. 100 du travail produit, et 25-30 p. 100 dans le cas de l'absorption du sucre.

Un résultat analogue fut obtenu par Krummacher[2], qui fit une expérience de longue haleine, durant 14 jours, comprenant des jours de repos et des jours de travail consistant en ascensions d'une montagne.

Dans une première série d'expériences 64,4 p. 100 du travail pouvait être fourni par l'augmentation de consommation d'albumine; dans une deuxième série, 48 p. 100. Le régime journalier était le même pendant toute la durée des expériences.

Mais Hirschfeld[3] d'une part, Immanuel Munk[4] de l'autre ont montré que dans les expériences d'Argutinsky

1. P. Argutinsky, Muskelarbeit und Stikstoffumsatz, *P. A.*, Bd. 46, 1890, p. 552-580, 1 pl.

2. O. Krummacher, Ueber den Einfluss der Muskelarbeit auf die Eiweisszersetzung bei gleicher Nahrung, *P. A.*, Bd. XLVII, 1890, p. 454-468.

3. P. Hirschfeld, Ueber den Einfluss erhöhter Muskelthätigkeit auf den Eiweissstoffwechsel des Menschen, *Arch. f. Pathologische Anat. und Physiologie*, Bd. CXXI, 1890, p. 501-512.

4. Immanuel Munk, Ueber Muskelarbeit und Eiweisszerfall, Verhandlungen der physiologischen Gesellschaft zu Berlin, 28 mars 1890, *Archiv für Physiologie*, 1890, p. 557-563.

et de Krummacher la ration d'aliments non azotés était insuffisante pour couvrir le travail. Argutinsky n'était pas en équilibre azoté, il brûlait sa propre substance. Disons immédiatement qu'à la suite de cette critique de Munk, Krummacher[1] reprit la question en dosant l'excrétion azotée sur un sujet travaillant au treuil et soumis à des régimes différents. Dans un premier cas l'alimentation fut mixte et insuffisante, dans un second mixte et suffisante, dans un troisième enfin, riche en produits non azotés. Dans les trois cas il y eut une hausse de l'albumine transformée dans l'organisme, mais dans le premier cas elle correspondait à 25 p. 100 du travail exécuté, tombait à 15 p. 100 dans le second et se réduisait à 3 p. 100 dans le troisième. Krummacher se rallia à l'interprétation de Voit d'après laquelle le travail ne puisait son énergie dans l'albumine qu'à défaut d'autre source, et qu'en tout cas la consommation d'albumine est d'autant moindre qu'il y a dans l'alimentation un plus grand excès de substances non azotés.

Cependant un des plus grands physiologistes de l'Allemagne, le plus grand à mon avis, Pflüger, intervenait dans le débat. Son but fut de réfuter l'idée, qui s'était répandue peu à peu, que le travail musculaire tirant son origine des substances non azotées, le meilleur aliment pour le travailleur consistait en une forte ration d'hydrates de carbone au détriment de la viande.

Pflüger[2] montra qu'en nourrissant un chien exclusivement avec de la viande bien choisie, ne contenant que très peu de graisse et d'hydrates de carbone, ce chien, attelé à une petite voiture, n'en était pas moins capable de fournir un travail considérable. De l'ensemble de ses

---

1. O. Krummacher, Drei Versuche uber den Einfluss der Muskelarbeit auf die Eiweisszersetzung, *Zeitschrift für Biologie*, Bd. XXXIII, 1896, p. 108-138.
2. E. Pflüger, Die Quelle der Muskelkraft, *P. A.*, Bd. I, 1891, p. 08-108.

recherches dont je ne rapporte pas ici le détail, il conclut que le travail peut s'accomplir d'une façon parfaite et avec la plus grande énergie en l'absence complète de graisses et d'hydrates de carbone, tandis qu'aucun travail musculaire ne peut se produire sans consommation d'albuminoïdes. Il se peut toutefois que, pendant le travail, dans le cas de déficit d'albuminoïdes, il ne se produise qu'une oxydation incomplète de ces albuminoïdes et que les produits de dédoublement reproduisent la molécule albuminoïde primitive aux dépens des substances non azotées ; ou encore que les substances non azotées soulagent par leur combustion les substances albuminoïdes dans la production de la chaleur.

Le mémoire de Pflüger fut vivement attaqué par Seegen [1], d'après lequel l'origine de la chaleur et du travail musculaire était le glucose livré à l'organisme par le foie. Les produits des matériaux de nutrition, en passant par le foie, donnent du glucose qui conduit par le sang aux divers organes, et en particulier au muscle, y brûlent pour libérer l'énergie nécessaire à la production de chaleur et de travail. Il résulta de là une discussion très animée entre Pflüger et Seegen [2], reposant sur les premières expériences de Pflüger et la valeur des dosages du glucose dans le sang par Seegen ; finalement les deux auteurs restèrent sur leurs positions. En fait il semble, comme le fit remarquer Seegen dès le début de la controverse, que la question ait été mal posée par Pflüger dans ses premières recherches. Il ne s'agit pas de savoir,

---

1. J. Seegen, Die Kraftquelle für die Arbeitsleistungen des Thierkörpers, *P. A.*, Bd. L, 1891, p. 319-329.

2. E. Pflüger, Einige Erklärungen, bettreffend meinen Aufsatz, « die Quelle der Muskelkraft ». Eine Antwort an Herrn Prof. Dr. J. Seegen, *P. A.*, Bd. L, 1891, p. 330-338. — J. Seegen, Bemerkungen zu der von Herrn Geh. Rath. Prof. Pflüger auf meinen offenen Brief gegebenen Antwort, *P. A.*, Bd. L, 1891, p. 385-395. — E. Pflüger, Zweite Antwort an Herrn Prof. Seegen, bettreffend Muskelkraft und Zuckerbildung, *P. A.*, Bd. L, 1891, p. 396-422.

en effet, si un animal peut ou non s'alimenter à peu près uniquement avec des albuminoïdes, mais de déterminer quelle est la substance consommée dans le muscle au moment de son fonctionnement. Or il se peut très bien que tous les aliments, en particulier les albuminoïdes, subissent une première transformation donnant lieu à la production de glucose, et que ce glucose seul soit capable d'alimenter directement le travail musculaire. Ainsi les expériences de **Pflüger** peuvent être exactes en fait et se concilier parfaitement avec celles de Seegen.

Dans les derniers temps, Pflüger[1] a un peu abandonné son ancien point de vue. Avec **Zuntz** et ses élèves, il admet que la source de la force musculaire puisse se trouver dans les albuminoïdes, comme dans les graisses ou les hydrates de carbone, et que la nature de l'alimentation détermine la substance qui sera utilisée dans le travail. Mais il persiste à penser que, quelle que soit la richesse alimentaire en graisse ou en sucre, le travail produit une hausse de l'excrétion azotée.

La question semblait rester pendante, elle fut reprise depuis cette époque par de nombreux expérimentateurs.

Les déterminations les plus étendues ont été faites par Wait[2], qui exécuta trois séries de 1897 à 1900.

La première série, comprenant 8 expériences, n'est pas très homogène, je la laisserai de côté.

La deuxième série, exécutée sur trois sujets de 29, 22 et 30 ans, comprend 8 expériences. Dans chacune d'elles le sujet était mis à un régime, puis pendant deux jours on analysait les entrées et sorties à régime aussi constant que possible. Après un jour d'intervalle on faisait une seconde période d'analyses pendant trois jours de repos;

---

1. E. Pflüger, Glycogen, *P. A.* Bd. XCVI, 1903, p. 331 et suiv.
2. Chas. E. Wait, Experiments on the Effect of muscular work upon the digestibility of food and the metabolism of nitrogen, U. S., *Department of agriculture*, Bulletin n° 79, *Id.*, Bulletin n° 117.

on vérifiait que le sujet restait bien en équilibre alimentaire. Enfin, pendant une période de six jours, le sujet exécutait un travail, rotation d'une machine à frottement; on augmentait sa ration, qui était soigneusement analysée comme les sorties. Cette augmentation de ration, qui fut en moyenne de 538 calories, portait uniquement sur les hydrates de carbone et les graisses, de façon à ne pas troubler l'équilibre azoté.

Le tableau suivant nous montre le résultat moyen de ces expériences :

NATURE DE L'EXPÉRIENCE	AZOTE DE L'ALIMENTATION	AZOTE EXCRÉTÉ	DIFFÉRENCE	TRAVAIL FOURNI EN CALORIES
1re période de repos.	17,70	16,26	+ 1,44	»
2e période de repos.	16,19	16,89	— 0,70	»
Travail	16,03	15,95	+ 0,08	139

Les expériences de la troisième série, au nombre de neuf, exécutées de 1899 à 1900, se composèrent chacune d'une période de repos de 4 jours, suivie d'une période de travail de 4 jours, puis d'une nouvelle période de repos. Le travail consistait à gravir un monticule par un doux sentier, il était ainsi aisé de l'évaluer avec plus de précision que dans la série d'expériences antérieures.

Dans un premier groupe la ration fournie correspondait à la ration normale du sujet et restait la même pendant toute la durée des trois périodes.

Dans un second groupe on fournissait pendant les périodes de repos, 4 premiers et 4 derniers jours, un peu moins de protéine et environ 500 à 600 calories de moins que dans la ration normale. Pendant la période de travail on rendait ces 500 ou 600 calories en aliments non azotés, on revenait donc à la ration normale.

Dans un troisième groupe la ration fut uniforme, mais moindre qu'à l'état habituel, en protéine ainsi qu'en calories totales.

Voici les résultats moyens obtenus par Wait.

NATURE DE L'EXPÉRIENCE	AZOTE DE L'ALIMENTATION	AZOTE EXCRÉTÉ	DIFFÉRENCE	NOMBRE DE CALORIES ABSORBÉES	TRAVAIL EN CALORIES
1ʳᵉ groupe.					
Repos . . .	19,45	16,52	+ 2,93	3 559	»
Travail . .	18,78	17,75	+ 1,03	3 554	119 — 130
Repos . . .	19,12	17,69	+ 1,43	3 552	»
2ᵉ groupe.					
Repos . . .	18,17	16,58	+ 1,59	3,079	»
Travail . .	17,88	16,78	+ 1,10	3,645	92 — 106
Repos . . .	17,85	16,98	+ 0,87	3,117	»
3ᵉ groupe.					
Repos . . .	17,33	16,12	+ 1,24	3 199	»
Travail . .	17,15	15,92	+ 1,23	3 169	97 — 114
Repos . . .	17,15	16,39	+ 0,76	3 284	»

On voit d'après les expériences de Wait que l'excrétion azotée ne semble pas être influencée par le travail musculaire, tout au moins dans les conditions où se plaçait cet expérimentateur, c'est-à-dire dans le cas d'un travail modéré et d'une alimentation mixte.

Mais le problème des origines du travail a été abordé d'une autre façon encore.

Quand un animal respire, il absorbe de l'oxygène et rend de l'acide carbonique. Si, comme le croyait Lavoisier au début de ses recherches, l'oxygène avait servi uniquement à brûler du carbone, il reparaîtrait tout entier dans l'acide carbonique, le volume d'oxygène disparu serait égal au volume d'acide carbonique produit. Nous savons en effet que lorsque l'oxygène sert à brûler du carbone pour former de l'acide carbonique, le volume du gaz ne change pas. Mais Lavoisier lui-même avait déjà reconnu que tout l'oxygène inspiré ne reparaît pas à l'état d'acide carbonique; nous avons amplement traité ce sujet précédemment.

Regnault et Reiset [1] dans leurs études sur la respiration ont vu que la proportion d'oxygène qui disparaît dépend de l'alimentation des animaux sur lesquels on opère et Pflüger, reprenant cette question, a montré toute son importance pour l'étude des phénomènes chimiques respiratoires se passant dans l'organisme.

Considérons un corps quelconque que nous soumettons à la combustion. Il faudra, pour opérer cette combustion, fournir un certain volume d'oxygène $[O]$. Il se produira un certain volume d'acide carbonique $[CO^2]$. Le rapport $\left[\dfrac{C^2O}{O}\right]$ est désigné sous le nom de quotient de Pflüger ou quotient respiratoire du corps comburé.

Ce rapport varie naturellement d'un corps à l'autre, et dans bien des cas lorsque l'on hésitera sur la nature d'un corps qui brûle, il suffira de connaître le quotient de Pflüger pour que cette hésitation soit levée. Envisageons en particulier les trois espèces de corps qui forment la base de l'alimentation des animaux et qui se rencontrent dans l'organisme vivant, les albuminoïdes, les graisses et les hydrates de carbone. Il est facile de voir, connaissant la composition de ces divers corps, que lorsqu'un gramme d'albumine brûle incomplètement comme il le fait dans l'organisme, pour donner de l'eau, de l'acide carbonique et de l'urée, il consomme environ $1^{lit},046$ d'O, et il se dégage 0,871 de CO^2; le quotient de Pflüger sera donc 0,83 environ.

De même les quotients respiratoires des graisses et des hydrates de carbone qui brûlent complètement en traversant l'organisme seront respectivement de 0,7 et de 1.

1. V. Regnault et J. Reiset, Recherches chimiques sur la respiration des animaux des diverses classes, *Annales de Chimie et de Physique*. 3ᵉ série, t. XXVI, 1849, p. 299-519.

Pour montrer que les choses se passent bien ainsi on a étudié le quotient respiratoire avec diverses alimentations, mais la preuve la plus directe qui en ait été donnée a consisté à injecter directement dans la circulation certains produits étrangers à l'organisme et à constater, en étudiant les échanges gazeux pendant cette opération, que le quotient respiratoire se rapprochait de celui des produits injectés; c'est ce qu'a fait Zuntz avec l'acide formique, Mallèvre avec l'acide acétique.

Ceci étant, on s'est demandé si l'étude du quotient de Pflüger dans le passage de l'état de repos à l'état de travail, ne permettrait pas d'obtenir quelques renseignements sur la nature des phénomènes chimiques accompagnant ce travail.

A une distance suffisante des repas, les animaux et l'homme, au repos, vivant et produisant la chaleur qui leur est nécessaire à l'aide des réserves de l'organisme, ont un quotient respiratoire d'environ 0,75, un peu plus élevé que les graisses qui forment les réserves les plus abondantes. Que va-t-il se passer quand l'animal ou l'homme fourniront du travail? Si la source d'énergie nécessaire au travail réside dans la glucose de l'organisme, ce glucose ayant un quotient de Pflüger égal à 1, on doit voir, par suite de sa combustion le quotient respiratoire s'élever, se rapprocher de l'unité.

D'autre part, si l'animal est saturé d'hydrates de carbone, il vit au repos, essentiellement sur ces hydrates de carbone, son quotient respiratoire est voisin de l'unité. Quand il passe à la période de travail, si, comme l'ont soutenu certains auteurs, ce sont les albuminoïdes qui sont la source essentielle de ce travail, leur consommation devra donner lieu à un abaissement du quotient respiratoire.

Cette question a été soumise à l'expérience par divers auteurs, avec des résultats très différents.

Suivant les uns, lors du passage de l'état de repos à l'état de travail d'un sujet en état d'alimentation mixte, il y a toujours hausse du quotient respiratoire, tendance à se rapprocher de l'unité. La conséquence en serait que le travail entraîne une combustion des hydrates de carbone.

Dans d'autres expériences, le quotient respiratoire ne changea pas. Il semblait en résulter que le travail musculaire tirait son origine de processus chimiques identiques à ceux de l'état de repos.

Enfin, dans quelques déterminations, le quotient respiratoire s'abaissa. Ce résultat pouvait s'expliquer par une oxydation incomplète des réserves de l'organisme ayant pour but de fournir le glycose nécessaire à la production du travail musculaire. Ces combustions incomplètes de graisses entraînant l'absorption de beaucoup d'oxygène et le dégagement de peu d'acide carbonique, le quotient respiratoire devait forcément subir une baisse.

Ces résultats contradictoires s'expliquent par les conditions expérimentales différentes et par la complication même de l'expérience. En dehors de la combustion nécessaire à la mise en liberté de l'énergie accompagnant le travail musculaire se trouve la réparation des substances comburées. Pour ne prendre qu'un exemple, supposons qu'au repos et à jeun il brûle dans l'organisme une certaine quantité de glucose du sang, mais que, sans cesse, il se fasse une réparation et une reconstitution de ce glucose aux dépens de la graisse des réserves, tout se passe en somme comme s'il ne brûlait que de la graisse, puisqu'au bout d'un certain temps c'est elle seule qui aurait diminué. Passons au travail, et admettons qu'il tire ses origines exclusivement d'un surcroît de combustion de glucose, le quotient respiratoire doit s'élever. Mais si ce travail se poursuit lentement, de façon à ce que l'on arrive à un équilibre où sans cesse la dépense de glucose est compensée par une destruction de graisse, tout se passera de nouveau comme s'il ne brûlait que de la graisse et le quotient respiratoire ne changera pas. Si, à un moment donné, cette combustion imparfaite de la graisse s'accélérait on aurait même une baisse du quotient respiratoire. Cela pourrait se produire en particulier si après un travail considérable on passait à une période de travail moins intense.

On voit que, suivant les conditions de l'opération et suivant la période à laquelle se fait le prélèvement des gaz que l'on analyse, on peut obtenir des résultats très divers donnant lieu à des interprétations variées et délicates.

Il est encore à remarquer qu'il peut y avoir un retard de l'exhalaison des gaz, de sorte qu'à un moment donné la composition des gaz expirés ne corresponde pas exactement à la nature des combustions se passant dans l'intimité des tissus à cet instant.

Il résulte de tous cela que les expériences faites sur l'étude du quotient respiratoire n'ont pas donné au point de vue de la nature des actions chimiques accompagnant le travail musculaire, les résultats qu'il semble, *a priori*, que l'on aurait pu en attendre.

Une méthode plus directe consiste à analyser les gaz du sang se rendant à un muscle et de les comparer à ceux du sang qui en revient.

Claude Bernard un des premiers a montré que lorsque le muscle passe à l'état de travail le sang veineux contient moins d'oxygène et plus d'acide carbonique que pendant le repos. Mais une simple analyse qualitative de la richesse du sang en gaz ne suffit pas, car la mise en activité du muscle entraîne aussi un accroissement de la circulation. Il est nécessaire, pour faire une bonne expérience, de déterminer la quantité de sang qui traverse le muscle au repos et en activité, d'établir la contenance en gaz d'échantillons de ce sang dans les divers cas, et d'en déduire combien il a été réellement consommé d'oxygène et rendu d'acide carbonique à l'état de repos et à l'état d'activité.

Chauveau semble avoir fait choix du meilleur objet d'étude pour aborder ce problème. Il opéra sur le releveur de la lèvre supérieure du cheval. Ce muscle reste normalement au repos, mais fournit une quantité notable de travail pendant que l'animal procède à la préhension des aliments. Il suffit donc de faire manger le cheval pour que le releveur de la lèvre supérieure entre en activité. Ce muscle n'est pourvu que d'une seule veine efférente, il n'y a qu'à mesurer la quantité de sang qui s'écoule par cette veine sectionnée pour déterminer d'une façon très précise la grandeur de l'irrigation du muscle, il ne reste plus qu'à analyser un échantillon de sang artériel et de sang veineux.

L'expérience montra à Chauveau que, lorsque le muscle entre en activité, le volume de sang qui le traverse devient 4 à 6 fois plus grand qu'à l'état de repos, les échanges gazeux deviennent de 20 à 30 fois plus importants, et le quotient respiratoire passe de 0,72 à 1,26. Ce dernier résultat est difficile à expliquer. Il est évident que le chiffre du quotient respiratoire du muscle en activité est trop grand, il s'est introduit une erreur tenant à la difficulté de l'expérience.

Pour élucider le problème des origines du travail musculaire, on a voulu déterminer directement la consommation de glucose d'un muscle au repos et en activité. Ceci est aussi un problème extrêmement complexe, car les hydrates de carbone qui peuvent être consommés pendant le travail du muscle proviennent de deux sources différentes. Il y en a une portion qui est emmagasiné dans le muscle même à l'état de glycogène, et une autre qui le traverse dissout dans le sang qui irrigue ce muscle. Une simple analyse de sang artériel du muscle et de son sang veineux ne renseignera donc pas sur la grandeur de la consommation à un moment donné, il faudrait aussi savoir ce qui est contenu sous forme de glycogène dans le muscle même, au début et à la fin de l'expérience. Il y a en outre une difficulté d'ordre purement technique tenant au manque de précision des dosages de glucose dans les liquides albumineux comme le sang.

Ce problème a encore pu être abordé autrement depuis que l'on peut maintenir un cœur en activité à l'aide de sérums artificiels convenablement préparés.

J. Müller[1] a opéré sur le cœur de chat isolé et maintenu en activité par un sérum ne contenant que des sels minéraux et du glucose. C'était le même liquide qui circulait dans le cœur, y étant ramené après en être sorti. Il suffisait dès lors de faire une analyse à la fin de l'opération pour savoir ce que le cœur avait consommé. On peut toujours faire l'objection que ce qui se trouvait dans le muscle cardiaque à l'état de glycogène échappe à l'expérience, mais comme l'opération se prolongeait très longtemps, jusqu'à 6 heures, l'erreur provenant de ce chef est assez réduite. Müller put ainsi, dans quatre expériences, mettre nettement en évidence la consommation de glucose accompagnant le travail; il s'agirait maintenant de voir comment se comportent d'autres corps.

L'importance que semble avoir le glucose dans les combustions intramusculaires a donné lieu à la théorie dite de l'isoglycosie dont le principal défenseur fut Chauveau.

Depuis les travaux de Rübner on admet généralement que les substitutions alimentaires peuvent se faire suivant une équivalence isodynamique, à la condition toutefois qu'il y ait dans la ration un minimum d'albuminoïdes au-dessous duquel on ne peut pas descendre, nous le savons déjà. C'est-à-dire que les divers aliments seraient équivalents lorsque pendant le passage à travers l'organisme

1. Müller, Studien über die Quelle der Muskelkraft, *Zeitsch. f. allgemeine Physiologie*, Bd. III, 1904, p. 282-302.

leurs transformations mettent en liberté le même nombre de calories.

En partant de ce principe on trouve qu'il y a équivalence, pour les diverses substances alimentaires, quand on les substitue les unes aux autres dans les rapports indiqués au tableau X.

D'après la théorie isoglycosique, deux rations alimentaires seraient équivalentes quand elles seraient susceptibles, après certaines transformations chimiques, de fournir à l'organisme les mêmes quantités de glucose, le glucose étant le seul corps capable d'être directement brûlé dans les tissus et de servir à l'origine du travail musculaire. La troisième colonne du tableau X contient les rapports suivant lesquels les éléments simples des aliments peuvent être substitués les uns aux autres pour subvenir également aux besoins de l'organisme dans l'hypothèse de l'isoglycosie.

Tableau X

	Poids isodynamiques.	Poids isoglycosiques.
Glucose	100	100
Graisse	39	62
Amidon	90	91
Sucre de canne	92	93
Albumine	92	125

Le désaccord semble, au premier abord, facile à trancher. Supposons qu'un animal soit à une ration d'entretien déterminée, en supprimant dans cette ration environ 90 grammes d'amidon par exemple, suffira-t-il, pour continuer à maintenir l'animal en équilibre, de lui ajouter 92 grammes d'albumine, ou faudra-t-il lui en donner 125 grammes? Faudra-t-il lui donner au lieu et place de ces 90 grammes d'amidon 39 grammes de graisse ou 62 grammes?

La question est loin d'être simple, elle fait encore actuellement l'objet de travaux extrêmement délicats, et je m'éloignerais de mon but en cherchant à pousser la discusion plus loin ; je n'ai voulu qu'indiquer le problème non encore résolu. Il faut d'ailleurs remarquer que les poids isoglycosiques ont été calculés en admettant des transformations des divers corps en glucose suivant des formules hypothétiques dont on n'a encore pu vérifier l'exactitude.

TABLE DES MATIÈRES

1413-08. — Coulommiers. Imp. P. BRODARD. — 1-09.

MANUEL

de

Pathologie Interne

PAR

G. DIEULAFOY

Professeur de clinique médicale à la Faculté de médecine de Paris,
Médecin de l'Hôtel-Dieu, Membre de l'Académie de médecine.

QUINZIÈME ÉDITION, ENTIÈREMENT REFONDUE

*4 vol. in-16 avec figures en noir et en couleurs,
cartonnés à l'anglaise.* **32 fr.**

Cette quinzième édition du Manuel s'est enrichie de bon nombre de chapitres qui n'existaient pas dans les éditions précédentes. Citons les chapitres suivants : Rapports des pancréatites avec la lithiase biliaire ; syndrome pancréatico-biliaire, drame pancréatique ; cytostéato-nécrose et hémorragies pancréatico-péritonéales. — Tréponème pâle, variétés de formes du chancre syphilitique. — Ulcères perforants du duodénum et de l'estomac, consécutifs à l'appendicite. — Epilepsie traumatique et traitement chirurgical. — Trypanosomiase et maladie du sommeil. — Anévrisme de l'aorte abdominale, son diagnostic avec les battements nerveux de l'aorte. — Phlébite syphilitique. — Tension artérielle. — Cancers du canal thoracique. — Epanchements puriformes de la plèvre, intégrité des polynucléaires. — Les fausses appendicites. — Gangrène foudroyante de la verge, discussion sur les gangrènes gazeuses et non gazeuses. — Syphilis nécrosante et perforante de la voûte crânienne. — Hémothorax traumatique.
Beaucoup de chapitres ont été remaniés et complétés.

Clinique Médicale
de l'Hôtel-Dieu de Paris

PAR G. DIEULAFOY

I. — 1896-1897, 1 *volume in-8°, avec figures* . . . . **10** fr.
II. — 1897-1898, 1 *volume in-8°, avec figures* . . . . . . **10** fr.
III. — 1898-1899, 1 *volume in-8°, avec figures* . . . . . . **10** fr.
IV. — 1901-1902, 1 *volume in-8°, avec figures* . . . . . . **10** fr.
V. — 1905-1906, 1 *volume in-8°, avec figures et 14 planches
hors texte* . . . . **10** fr.

SEPTIÈME ÉDITION, REVUE ET AUGMENTÉE

DU

Traité élémentaire ✦✦✦✦✦✦✦
✦✦✦ de Clinique Thérapeutique

PAR

le Dr **Gaston LYON**

Ancien chef de clinique médicale à la Faculté de médecine de Paris

1 vol. grand in-8° de 1732 pages, relié toile anglaise. . . . . . **25** *fr.*

SIXIÈME ÉDITION, REVUE

DU

Formulaire Thérapeutique

PAR MM.

G. LYON	**P. LOISEAU**
Ancien chef de clinique	Ancien préparateur
à la Faculté de médecine	à l'École supérieure de Pharmacie
de Paris	de Paris

AVEC LA COLLABORATION DE MM.

L. Delherm | **Paul-Émile Levy**

1 vol. in-18 tiré sur papier indien très mince, relié
maroquin souple. **7** *fr.*

Ce petit volume élégant et portatif est le véritable livre de poche
du praticien. Celui-ci y trouvera mentionnés, dans la première partie,
tous les remèdes qui ont cours avec les indications qu'ils comportent.
Dans la seconde partie il rencontrera un exposé clair et précis des
divers moyens hygiéniques et physiques : l'opothérapie, la séro-
thérapie, les régimes alimentaires, l'antisepsie et l'asepsie, la désin-
fection, l'électrothérapie, la photothérapie, la psychothérapie, la climato-
thérapie, la massothérapie, etc., les stations minérales, enfin des
documents d'analyse biologique de l'urine, du lait, du sang et du suc
gastrique.

Cette sixième édition a été l'objet d'une revision attentive. Un certain nombre de médicaments nouveaux y sont mentionnés : *alypine,
atoxyl, énergélènes, eau fluoroformée, métaux colloïdaux.* La *méthode
de Bier* figure au chapitre *Mécanothérapie*, et l'*Ionothérapie* au chapitre
Electrothérapie.

Petite Chirurgie Pratique

PAR

TH. TUFFIER
Professeur agrégé à la Faculté de Médecine de
Paris, Chirurgien de l'hôpital Beaujon.

P. DESFOSSES
Ancien interne des hôpitaux de Paris
Chirurgien du Dispensaire de la Cité du Midi.

DEUXIÈME ÉDITION, REVUE ET AUGMENTÉE

1 *vol. petit in-8° de* VIII-568 *pages, avec* 353 *fig., cart. à l'anglaise.* **10** *fr.*

Le but de ce livre est d'exposer aussi clairement que possible les éléments de petite chirurgie indispensables à l'infirmière, à l'étudiant, au praticien.

Les remaniements de cette édition portent sur plus du cinquième du livre.

Les additions comprennent le *pansement des brûlures*, les *greffes dermo-épidermiques*, *l'anesthésie par la stovaïne*, la *méthode de Bier*, la *gymnastique de la respiration et du maintien*, etc...

Les médecins de campagne sont dans la nécessité

Fig. 346. — Extraction d'une incisive inférieure.

de s'occuper de la bouche de leurs malades; le Dr Neveu a écrit pour eux un chapitre très substantiel sur les *extractions dentaires* et *l'hygiène de la bouche et des dents.*

Guide anatomique
aux Musées de Sculpture

PAR

A. CHARPY
Professeur d'Anatomie à la Faculté de
Médecine de Toulouse.

L. JAMMES
Professeur adjoint à l'Université
de Toulouse.

1 *vol. petit in-8° de* VIII-112 *pages, avec figures.* . . . . **2** *fr.*

Ce guide n'a point pour but d'apprendre l'anatomie aux artistes : il se propose simplement de permettre aux visiteurs de musées d'étudier avec fruit et de comprendre les œuvres de sculpture.

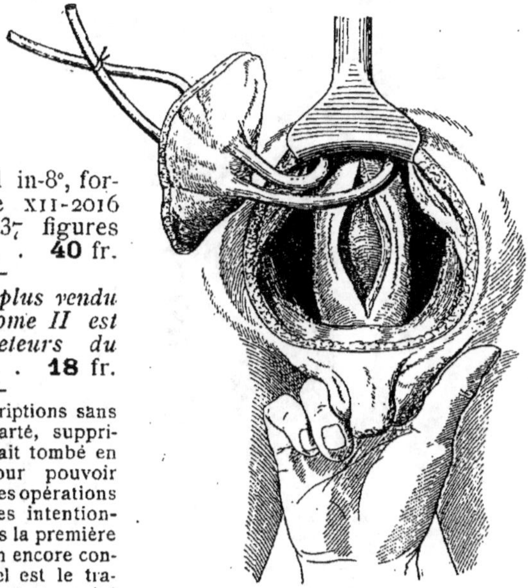

Fig. 695. — *Cysto-entérostomie extra-péritonéale pour exstrophie vésicale. Abouchement rectal des uretères* (Peters) — Les uretères sont libérés. — La paroi antérieure sous-péritonéale du rectum est ouverte.

Vient de paraître :

MÉDECINE OPÉRATOIRE
DES
VOIES URINAIRES

Anatomie Normale et
Anatomie Pathologique Chirurgicale

Par J. ALBARRAN
Professeur de clinique des Maladies
des Voies urinaires
à la Faculté de Médecine de Paris,
Chirurgien de l'Hôpital Necker.

Un volume grand in-8°
de XII-992 pages, avec 561 figures
dans le texte en noir
et en couleurs

Relié toile . . . . . **35** fr.

Dans ce volume, l'auteur a voulu exposer les procédés opératoires employés par lui, pour le traitement des
maladies de l'appareil urinaire qui
nécessitent l'intervention chirurgicale ;
il n'a pas cru utile d'indiquer toutes
les variantes, il a voulu seulement, par
sélection, exposer les procédés opératoires, dont il a reconnu, à l'expérience,
la supériorité.

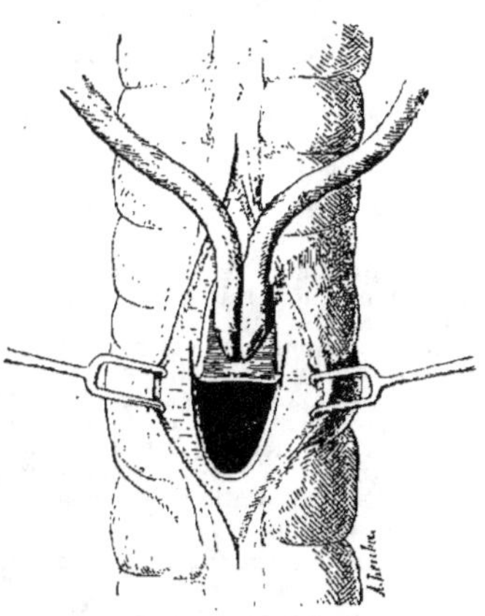

Fig. 200. — Anastomose de l'uretère a
l'intestin (Procédé de Fowler).

TRAITÉ
de
GYNÉCOLOGIE
Clinique et Opératoire
PAR **Samuel POZZI**
Professeur de Clinique gynécologique à la Faculté de Médecine de Paris,
Membre de l'Académie de Médecine, Chirurgien de l'hôpital Broca.

QUATRIÈME ÉDITION, ENTIÈREMENT REFONDUE
AVEC LA COLLABORATION DE **F. JAYLE**

2 vol. grand in-8° formant ensemble 1500 pages avec 894 figures
dans le texte. Reliés toile. . . . . **40** fr.

DIVERS

CALMETTE. — Recherches sur l'épuration biologique et chimique des Eaux d'Égout, par le D' A. CALMETTE, membre correspondant de l'Institut et de l'Académie de médecine, avec la collaboration de MM. E. ROLANTS, E. BOULLANGER, F. CONSTANT, L. MASSOL, de l'Institut Pasteur de Lille, et de M. le professeur A. BUISINE, de la Faculté des Sciences de Lille.

TOME I. — *(Epuisé)*.

TOME II. — *1 vol. gr. in-8°, avec 45 fig., nombreux graphiques et 6 planches.* **10 fr.**

TOME III. — *1 vol. gr. in-8°, avec 50 figures* . . . . **8 fr.**

1er Supplément. — **Analyse des Eaux d'Égout**, par E. ROLANTS, chef de laboratoire à l'Institut Pasteur de Lille. *1 vol. gr. in-8°, avec 31 figures.* . **4 fr.**

CALOT. — L'Orthopédie indispensable (*Tuberculoses externes, déviations, etc.*), par F. CALOT, chirurgien en chef de l'hôpital Rothschild, etc. *1 vol. in-8° de 741 pages, avec 825 figures, relié toile* . . . . **16 fr.**

— **Traité pratique de Technique Orthopédique**, par le D' CALOT.

    I. *Technique du Traitement de la Coxalgie*, avec 178 fig. 1 vol. . . . **7 fr.**

    II. *Technique du Traitement de la Luxation congénitale de la hanche*, avec 206 figures et 5 planches. 1 vol. . . . . **7 fr.**

    III. *Technique du Traitement des Tumeurs blanches*, avec 192 fig. 1 vol. **7 fr.**

CHAPUT. — Les Fractures malléolaires du Cou-de-Pied et les Accidents du Travail par le D' CHAPUT, chirurgien de l'hôpital Lariboisière. *1 vol. petit in-8° de 160 pages, avec 73 figures dans le texte* . . . . **3 fr. 50**

DAREMBERG. — Tuberculose pulmonaire (Les différentes formes cliniques et sociales de la). *Pronostic, Diagnostic, Traitement*, par G. DAREMBERG. *1 vol. in-8° de 400 pages.* . . . . **6 fr.**

HENNEQUIN et LOEWY. — Les Fractures des Os longs (*leur traitement pratique*), par les D" J. HENNEQUIN, membre de la Société de chirurgie, et ROBERT LOEWY. *1 vol. grand in-8°, avec 215 fig. dont 25 planches représentant 222 radiographies originales* . . . . **16 fr.**

KENDIRDJY. — L'Anesthésie chirurgicale par la Stovaïne, par le D' LÉON KENDIRDJY, ancien interne des hôpitaux. *1 vol. in-12 de 206 pages.* . . . . . **3 fr.**

MENARD. — Étude sur la Coxalgie, par le D' V. MENARD, chirurgien de l'hôpital maritime de Berck-sur-Mer. *1 vol. in-8° de IX-439 pages, avec 26 planches hors texte.* . . . . **15 fr.**

RECLUS. — L'Anesthésie localisée par la Cocaïne, par P. RECLUS, professeur à la Faculté de Paris. *1 vol. petit in-8°, avec 59 figures.* . . . . . **4 fr.**

RUDAUX (P.). — Précis élémentaire d'Anatomie, de Physiologie et de Pathologie, par P. RUDAUX, ancien chef de clinique à la Faculté de médecine de Paris. Avec préface de M. RIBEMONT-DESSAIGNES. *1 vol. in-16 avec 462 figures, cartonné toile* . . . . **8 fr.**

WEISS. — Leçons d'Ophtalmométrie (*Cours de perfectionnement de l'Hôtel-Dieu*), par G. WEISS, professeur agrégé à la Faculté de Paris. Avec Préface de M. le P' DE LAPERSONNE. *1 vol. petit in-8°, avec 149 fig.* . . . . . . **5 fr.**